AF551311

LEGENDÄRE KATZEN UND IHRE MENSCHEN

ANDREAS **SCHLIEPER** HEIKE **REINECKE**

Legendäre KATZEN und ihre MENSCHEN

ecowin

2. Auflage 2020

Gesetzt aus der Minion Pro, 1820 Modern, Cera Pro

Medieninhaber, Verleger und Herausgeber:
Red Bull Media House GmbH
Oberst-Lepperdinger-Straße 11–15
5071 Wals bei Salzburg, Österreich

Satz: MEDIA DESIGN: RIZNER.AT
Umschlaggestaltung und Motiv: Hauptmann & Kompanie Werbeagentur, Zürich
Autorenillustration: ©Claudia Meitert/carolineseidler.com
Printed by Finidr, Czech Republic
ISBN 978-3-7110-0182-5

Inhalt

Vorwort

Weshalb Menschen sich gerade mit Katzen zusammengetan haben, gehört zu den großen ungelösten Rätseln der Geschichte. Sie bewachen weder Haus noch Hof, ihr Fleisch lässt sich nicht verwerten, ihre Haare auch nicht, ihr Fell ist längst aus der Mode gekommen, besonders gute Jagdgehilfen sind sie nicht, und zum Spielen taugen sie nur, wenn sie selbst dazu Lust und Laune haben. Dafür leisten sie allerdings gute Dienste als pünktlicher Wecker schon vor Sonnenaufgang, wobei ihr beharrliches Begehren nach frischem Futter keinen Aufschub duldet. Dass sie dabei unerschöpfliche Fähigkeiten als Gourmets offenbaren und sich wahrlich nicht mit jeder Art von Futter abspeisen lassen, wird dem Katzenkenner schnell und unmissverständlich deutlich gemacht. Und wer glaubt, mit Speis und Trank seine Pflichten gegenüber der Katze bereits erfüllt zu haben, wird bei der Reinigung des Katzenklos noch seine gehörigen Überraschungen erleben – falls die Katze nicht in ihrer unergründlichen Weisheit entschieden haben sollte, ihre Notdurft an einer Wand, in einem achtlos hingeworfenen Schuh oder an der Haustür zu verrichten. Und da Katzen keine Ökonomen sind, kennen sie auch nicht den emotionalen, geschweige denn den monetären Wert von Ledersofas oder antiken Tischen. Dass die Katzen sich vom Menschen nicht erziehen lassen, weiß jedes Kind, spätestens wenn es die Kratzer an Armen und Beinen spürt. Eher funktioniert es umgekehrt: Die Katze ist ein wahrer Meister in der Dressur des Menschen.

Aber ebenso wenig lässt sich leugnen, dass immer mehr Menschen mit immer mehr Katzen zusammenleben. Rund 14 Millionen Katzen sollen sich derzeit allein in Deutschland mehr oder weniger ständig in den Haushalten aufhalten (in nahezu jedem vierten Haus-

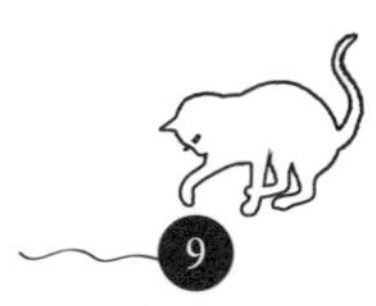

halt) – und das, obwohl in hiesigen Breiten Mäuse und Ratten kein unmittelbares Problem für unsere Ernährung und Hygiene mehr darstellen. Diese ursprüngliche Aufgabe der Vertilgung von Schädlingen ist längst mit besten Erfolgen von der unschlagbaren Kombination aus Mensch und Chemie übernommen worden. Und wir sind eher verstört, wenn uns die Katze – in Erfüllung des uralten Vertrags – eines Morgens eine Maus, eine Ratte oder einen Vogel ins Haus schleppt. Oder gar Jagd auf den heimischen Wellensittich oder Goldfisch macht. Oder unsere teuren Wildlederschuhe genüsslich zerkaut. Aber davon lassen wir uns nicht irremachen: Wenn es hierzulande noch einen wahren Wachstumsmarkt gibt, dann den aller jener Produkte für die Ernährung, Pflege und Unterhaltung der Katzen. Selbst in Ländern, wo man es ansonsten kaum erwarten würde, boomen die Märkte für Katzen: in Japan oder in China – wo man nach der »Ein-Kind-Politik« sicherlich bald auch die »Ein-Katze-Politik« einführen wird.

Doch all das interessiert den wahren Katzenliebhaber nicht im Geringsten: Er weiß um seine Sucht, darum, wie unnütz seine Neigung ist, ein haarendes, allergiespendendes Fellknäuel um sich zu haben. Wenigstens unter wirtschaftlichen Aspekten: »Die Katze ist das einzige vierbeinige Tier, das dem Menschen eingeredet hat, er müsse es erhalten, es brauche dafür aber nichts zu tun«, schreibt Kurt Tucholsky am 17. Juni 1928 in der *Vossischen Zeitung*, und daran gibt es bis heute nichts zu deuteln. Vielleicht, so denkt man manchmal, sind die Katzen nur dazu da, um uns zu beweisen, dass nicht alles im Leben etwas mit der Ökonomie zu tun hat, dass der »Götze Mammon« noch nicht alles mit harter Hand regiert, dass wir uns in ein Zauberland flüchten können, wo das Schnurren und Maunzen und Kraulen noch etwas gilt. Wo man den lieben langen Tag mit Schlafen und Putzen verbringen kann, ohne als Faulenzer oder Schmarotzer in spätrömischer Dekadenz diffamiert zu werden. Wo man es immer wieder von Neuem versuchen kann, weil man schließlich sieben

Leben hat – und in einem davon wird es wohl irgendwann schon klappen. Geben wir es frei zu: Ein gehöriges Maß an Neid spielt mit, wenn wir eine Katze betrachten.

Nun: Wir sind zum Glück nicht die Einzigen, die sich von den Katzen haben betören lassen. Zu allen Zeiten und an allen Orten gab es Frauen und Männer, die sich unumwunden zu ihrer Affinität zu Katzen bekannt haben. Berühmte Frauen und Männer, deren Gesellschaft man sich als Katzenliebhaber nicht schämen muss. Ganz im Gegenteil: Man darf, ja, man muss stolz darauf sein, zu einer solch erlesenen Gemeinschaft zu gehören. Und gleichzeitig bringt uns diese gemeinsame Veranlagung jenen gelehrten, gebildeten, kreativen, bedeutenden, mächtigen, schönen, reichen Menschen ein gehöriges Stück näher. Was immer sie sonst geleistet haben mögen: Wir sind uns gleich, wenn wir der Katze mit Manier den Balg kraulen. Und können wir wirklich ausschließen, dass es gerade das Kraulen der Katze war, das diese Menschen zu ihren besonderen Leistungen veranlasst hat? Und natürlich das behagliche Schnurren jener Katze, wenn sie sich dabei wohlig auf den Rücken legte und alle viere von sich streckte.

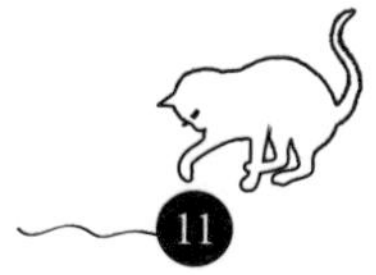

Wem die Katze maunzt

ERNEST HEMINGWAY
(1899-1961)

Stellte man einen felinophilen Literaten vor die Wahl: Nobelpreis für Literatur oder eine Katzenrasse mit seinem Namen, wofür würde er sich wohl entscheiden? Nun, Ernest Hemingway musste darüber nicht nachdenken: Er hat beides bekommen, zuerst den Nobelpreis – 1954 für *Der alte Mann und das Meer* – und später dann auch die Ehre der Namensgebung für die polydaktilen Katzen. Zumindest nennt der Volksmund sie »Hemingway-Katzen«, und die wissenschaftliche Bezeichnung interessiert ohnehin nur die Experten. Also: Polydaktyle Katzen haben – anders als die sonstigen – bis zu je sieben Zehen an ihren (meistens) Vorder- und (seltener) Hinterläufen. Es handelt sich dabei um eine genetisch bedingte Anomalie, die sich allerdings für die betroffene Katze weder bedrohlich noch behindernd auswirkt; eher im Gegenteil: Diese Tiere sind im Allgemeinen sehr viel beweglicher und geschickter als Katzen mit der üblichen Anzahl an Zehen.

Nach Ernest Hemingway wurden die vielzehigen Katzen benannt, weil der Dichter ein solches Tier mit dem Namen Snowball besaß. Sie war ihm 1931 während seines Aufenthaltes in Key West, Florida, von einem gewissen Stanley Dexter, Kapitän eines Bergungsschiffes, geschenkt worden. Polydaktyle Katzen gelten als besonders erfolgreiche Mäusefänger und auf Schiffen daher als nützliche Glücksbringer. Auf Hemingways Anwesen in Key West, das heute ein Museum ist und immer noch zwischen 40 und 60 Katzen beherbergt, paarte sich Snowball mit den anderen dort schon lebenden Katzen, auf diese

Weise weitere polydaktyle Katzen produzierend. Etwa die Hälfte der Katzen ist mit mehr Zehen ausgestattet; dieses Merkmal vererbt sich zwar, ist aber nicht dominant, sodass nicht ein jeder Nachkomme einer polydaktylen Katze ebenfalls vielzehig wird.

Vermutlich hat man Katzen mit dieser Mutation erst später, nach Hemingways Tod, so genannt. Man kann dies als posthume Ehre für einen unvergleichlichen Katzenfreund ansehen – ebenso aber auch als späte Ironie des Schicksals. Denn Snowball und die anderen Katzen in Key West waren weder die ersten noch die einzigen Samtpfoten, die Hemingways Leben begleiteten. Von Kindheit an gab es überall, wo er lebte und arbeitete, auch Katzen – und mit einigen von ihnen verband ihn eine ganz besonders innige Beziehung. Hemingway selbst war zutiefst davon überzeugt, dass seine Katzen ihn tatkräftig bei der Arbeit unterstützten. Neben seinem sorgsam in der Öffentlichkeit gepflegten Image als »Macho« mit seiner in jüngeren Jahren zur Schau gestellten Faszination für die Jagd, das Hochseefischen, das Boxen und vor allem den Stierkampf hegte Hemingway tiefe und liebevolle Gefühle für seine Katzen, in denen er manchmal sogar die »besseren Menschen« sehen wollte. »Eine Katze ist emotional vollkommen ehrlich«, schrieb er, »die Menschen mögen, aus welchen Gründen auch immer, ihre Gefühle verbergen, aber eine Katze tut es nicht«.

Hemingway liebte nicht nur Katzen – auch seine Liebe zu Frauen war legendär, wobei die eine auf eine sonderbare Weise mit der anderen zu verschmelzen schien – gab er seinen Frauen in seinen Werken wie im realen Leben doch stets an Katzen erinnernde Kosenamen: Kat, Kath, Cat, Feather Kitty, Katherine Kat, Kitten oder Kittner. Er selbst unterzeichnete Briefe an seine Frauen manchmal mit »Your Big Kitten«. In einem kleinen Lied – das, wie er schrieb, den Katzen sehr gut gefiel – hat er seine Liebe zu Katzen verewigt: »A feather kitty's talent lies in scratching out the other's eyes. A feather kitty never dies, oh immortality.« Feather Kitty war auch der bevorzugte Kosename für Hadley Richardson, seine erste Ehefrau. In vielen seiner Werke

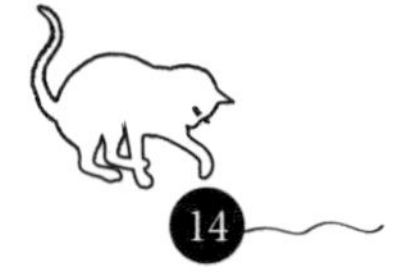

finden sich biografische Hinweise – auf Ereignisse ebenso wie auf Menschen und Tiere in seinem Leben.

In Paris, wo er mit Hadley Richardson lebte, war es eine Perserkatze mit Namen Feather Puss, später F. Puss genannt, die in seinem posthum 1964 veröffentlichten Buch *A Moveable Feast* (dt. *Paris – Ein Fest fürs Leben*) als wachsame Babysitterin des kleinen Sohnes John »Bumbey« beschrieben wird. Richardson soll Hemingway auch die 1924 erschienene Kurzgeschichte *Cat in the Rain* (dt. *Katze im Regen*) gewidmet haben, die von einer jungen Frau handelt, die ihre Existenz als trostlos empfindet und sich eine Katze wünscht. Später, da bereits mit der zweiten Frau Pauline und ihren gemeinsamen Söhnen Patrick und Gregory, folgte die Zeit in Key West mit der sechszehigen Snowball und den vielen anderen Katzen. Aber erst 1939 mit dem Umzug nach Kuba auf die Finca La Vigia in der Nähe von Havanna und mit Martha Gellhorn, der inzwischen dritten, und einige Jahre mit Mary Welsh, der vierten und letzten Ehefrau an seiner Seite, sollte sich Hemingways Zuneigung zu den Katzen in besonderer und bemerkenswerter Weise entwickeln. Hier bildeten eine Perserkatze mit Namen Princessa und ein ehemaliger Streuner namens Boise aus Cojimar den Stammbaum für eine stetig wachsende Katzenpopulation. Doch aus Hemingways Plänen, mit den beiden und mit Good Will, einem Angorakater, eine neue Katzenrasse zu züchten, sollte nichts werden. Nachdem es zu Krankheiten und Behinderungen infolge von Inzucht gekommen war, hatte Martha alle geschlechtsreifen Tiere kastrieren lassen – ein Akt, den ihr Hemingway nie verziehen hat.

Die Katzen lebten überall im Haus, und man kann sich vorstellen, was das bedeutet. Von Mary, die Katzen ebenso liebte wie Hemingway, stammte schließlich die Idee, nah an der Finca ein eigenes Katzenhaus zu bauen, schließlich sollten sie sich, wie Hemingway in einem Brief schrieb, »nicht fühlen, als seien sie nach Sibirien abgeschoben oder verlassen«. Und schließlich wollte er auch sicher sein, dass »man gut für sie sorgt und sie glücklich sind«. Für dieses »Glück der

Katzen« war er dann auch bereit, vieles auf sich zu nehmen. So war er keineswegs verärgert, als der Kater Friendless, übrigens ein Sohn von Boise und Princessa, Shakespeares *First Folio* markiert, eine teure Erstausgabe. Es wäre nämlich, so schrieb Hemingway, »unfair, Katzen zu halten und sie nicht anständig zu füttern und ihre natürlichen Impulse als ›Sünden‹ zu interpretieren«. Ob seine Idee, die Erstausgabe in das Katzenhaus zu legen, damit Friendless sie ungehindert weiter markieren konnte, ernst gemeint war, ist nicht belegt. Hingegen schon, dass er jenem Friendless beibrachte, mit ihm gemeinsam zu trinken – der Autor Whiskey pur, die Katze Whiskey mit Milch.

Der Turm mit einem ganzem Stockwerk für die Katzen wurde also gebaut – den Bedürfnissen der Katzen ebenso entsprechend wie denen der Menschen, denn Hemingway konnte vom Schlafzimmer ebenso wie vom Badezimmer, von der Terrasse, der Küche und auch vom Esszimmer dorthin blicken. Die Fenster im Wohnhaus blieben geöffnet, damit die Katzen zu jeder Zeit ein- und ausgehen konnten und die liebsten, so wie Boise, auch des Nachts an Hemingways Seite sein konnten.

Boise – zu ihm, den er auch »Bruder« nannte, hatte Hemingway wohl das innigste Verhältnis. Dieser schwarz-weiße Kurzhaarkater mit der auffälligen schwarzen Maske über dem Gesicht kam ihm offenbar so nah, wie ihm niemand sonst kommen sollte, weder Mensch noch Tier. Boise spazierte an seiner Seite gleich einem Hund, war bei ihm, wenn er schrieb, saß auf seinem Schoß, wenn er las, schlief des Nachts auf seiner Brust oder neben ihm und teilte jede Mahlzeit – was wörtlich zu verstehen ist, denn Boise verabscheute Katzenfutter. Der Kater spürte es stets im Voraus, wenn Hemingway wieder einmal auf Reisen ging. Die Trauer, die Hemingway empfand, als der Kater 1956 in seiner Abwesenheit einer Herzattacke erlag, kann man kaum ermessen – »Briefe über den Tod von Tieren sind nicht die besten, die man verschicken kann«, schrieb er.

Seiner Beziehung zu Boise hat er in seinem – posthum veröffentlichten – Buch *Islands in the Stream* (1951 entstanden, 1970 posthum

veröffentlicht, dt. *Inseln im Strom*) ein Denkmal gesetzt – mit einem sehr autobiografischen Roman, in dem es nicht zuletzt um die verletzliche Psyche eines sich nach außen hart und raubeinig gebenden Künstlers geht: »Und als er in der Nacht in seinem großen Sessel las und Boise neben ihm saß, war ihm klargeworden, dass er nicht gewusst hatte, was er tun sollte, falls Boise getötet worden wäre, und seinem verzweifelten Benehmen nach ging es dem Kater mit ihm vermutlich genauso. […] Auf See dachte er über Boise nach, über seine sonderbaren Angewohnheiten und seine verzweifelte, hoffnungslose Liebe.«

Für Hemingway waren Katzen »Schnurrfabriken« (*purr factories*) und er bezeichnete sie auch als »Liebesschwämme« (*love sponges*), denn sie saugen die Liebe der Menschen auf und geben ihnen als Gegenleistung Trost und Begleitung selbst in den schwierigen Zeiten des Lebens – und davon hat es für Hemingway wahrlich viele gegeben. Er litt zeit seines Lebens an einer bipolaren Störung, einer schweren psychischen Krankheit, für die man früher die Bezeichnung »manisch-depressiv« verwendet hat. Sie führt episodisch zu starken, willentlich nicht zu kontrollierenden Auslenkungen der Gefühle, durchaus im Sinne von »himmelhoch jauchzend, zu Tode betrübt«. Gerade in den Momenten der Depression und der Sehnsucht nach seinen Söhnen scheinen ihm seine Katzen über viele Jahrzehnte Trost und Rückhalt gegeben zu haben, bis selbst sie ihm eines Tages nicht mehr haben helfen können: Am Morgen des 2. Juli 1961 beendet er an seinem letzten Wohnort in Idaho selbst sein Leben – an seiner Seite der Kater Big Boy Peterson. Gravierende gesundheitliche Probleme und die Nachricht wenige Monate vorher im April, dass nach der Revolution eine Rückkehr nach Kuba auf die geliebte Finca, zu seinem Boot, seinen unvollendeten Manuskripten, vor allem aber zu seiner großen Familie von Hunden und inzwischen an die 60 Katzen ausgeschlossen war, machten ihm schmerzlich bewusst, dass das Leben, so wie er es kannte und liebte, unwiederbringlich ein Ende hatte. Seine letzten Worte am Vorabend seines Todes an seine Frau Mary lauteten »Good night, my kitten«.

Die Katze im Bad

JACQUES DERRIDA
(1930–2004)

Was macht ein Philosoph, der Katzen liebt? – Nun, vielleicht fragt er sich: »Wer bin ich, und wenn ja, wer ist dann die Katze?« Und falls es auch noch ein moderner Philosoph ist, dann wird er auch mehr als nur eine einzige Antwort darauf zulassen, denn wenn wir heutzutage eines ganz sicher zu wissen glauben, dann dies: dass es keine Wahrheit gibt, es sei denn nur zu gewissen Zeiten und nur unter bestimmten Bedingungen, allenfalls als mehr oder minder akzeptierte Vereinbarung auf Zeit, wenn überhaupt. Wahrheit, das ist – um es in der Sprache der Philosophen auszudrücken – ein »kontingenter« Begriff: Es kann wahr sein, muss aber nicht, und morgen ist es wieder anders oder vielleicht genauso. Man weiß es eben nicht, vor allem weiß man es nicht genau.

Natürlich: Ein Mensch ist ein »Mensch«, und eine Katze ist eine »Katze«, daran hat sich in den vergangenen Tausenden von Jahren nur wenig geändert, zumindest genetisch, und das will ja heutzutage auch schon etwas heißen. Aber was sie jeweils bedeuten, diese Begriffe »Mensch« oder »Katze«, welchen »Sinn« sie ergeben, kurz: Welchen Reim wir uns darauf machen – das verändert sich in Zeit und Raum und manchmal auch zwischendurch. Denn kein Zweifel: Einem Betrachter im Mittelalter erscheint die »Katze« als etwas völlig anderes als dem heutigen – sie war nicht das sympathische Kuscheltier, sondern die pure Inkarnation des Bösen. Und ein Chinese hätte dem ganz andere Konnotationen hinzuzufügen – vielleicht sogar ein raffiniertes Kochrezept. Viele Zeiten, viele Orte, viele Wahrheiten. Zu

fragen bliebe dann nur noch, ob auch die »Katze« ihrerseits einen Sinn dafür hat, was der Sinn ihres Lebens sein möchte, oder ob sie einfach nur lebt.

Jacques Derrida war ein solcher moderner Philosoph. Geboren 1930 als Nachkomme einer jüdischen Familie in Algerien, kam er 1949 nach Frankreich. Da hatte er schon am eigenen Leibe erlebt, was es heißt, wenn man nur noch eine einzige Wahrheit zulässt: Ihm war als Jude der Schulbesuch untersagt worden, und erst nach dem Krieg und dem Ende des Vichy-Regimes konnte er seine Ausbildung zu Ende bringen und 1954 seinen Abschluss an der *École Normale Supérieure*, einer der angesehensten Hochschulen in Frankreich, machen. Eine brillante akademische Karriere ließ nicht lange auf sich warten: Derrida lehrte an der Sorbonne in Paris und in Harvard, der Johns Hopkins University, in Cambridge und der University of California. Im Sommer 2004, kurz vor seinem Tod, hatte er noch einen Ruf an die Universität Heidelberg angenommen, konnte ihn aber nicht mehr wahrnehmen.

Jacques Derrida ist ein durch und durch moderner Philosoph und daher selbst den Eingeweihten nur in wenigen lichten Momenten der Erleuchtung verständlich. Er gehört zu jener großen Gruppe von zeitgenössischen Denkern, die längst jeglichen Glauben daran verloren haben, dass man auch nach intensivem Nachdenken klare und wahre Begriffe finden könne – deshalb versuchen sie es auch gar nicht erst. Diese Skepsis äußert sich vor allem in der Sprache: In ihr lässt Derrida seinen Assoziationen freien Lauf, um eben der Vielfalt der Wahrheiten gerecht zu werden. Und diese Sprache macht es nicht nur dem naiven Leser, sondern ebenso sehr dem Übersetzer schwer, sich angemessen den Gedanken Derridas zu nähern.

Seinem letzten Projekt, das er nicht mehr beenden konnte und um das es hier geht, gab er den Titel *L'animal, que donc je suis*, was ebenso heißen kann »Das Tier, das ich also bin« – im Anklang an den berühmten Satz von Descartes »Ich denke, also bin ich« – wie auch

»Das Tier, dem ich also folge«. Es sind diese zunächst im Französischen wirksamen und kaum in andere Sprachen zu übersetzenden Mehrdeutigkeiten, mit denen er auf die Unklarheiten und die Unklärbarkeiten der Sprache und damit auch des Denkens aufmerksam macht. So wird aus dem Wort *animaux* (Tiere) das klanglich gleich lautende *animot*, um darauf hinzuweisen, dass *animal* (Tier) letztlich nur ein Wort (*mot*) ist und sich daraus nichts weiter ableiten lässt, wenigstens nicht das menschliche Gefühl der Überlegenheit gegenüber dem Tier. Wobei Derrida ohnehin bezweifelt, dass man von *dem* Tier in der Einzahl, also als einem Gattungsbegriff sprechen kann, so als seien sich die Zikade, der Elefant, die Heckenbraunelle, das Perlboot oder eben die Katze in allen wesentlichen Kategorien gleich – was sie unter keinen Umständen sind, wie ein jeder Katzenfreund weiß, der sich einmal mit einem Perlboot befasst hat.

Nun war Derrida weder der Erste noch der Einzige, der sich in seinem philosophischen Denken mit der Unterscheidung zwischen »Mensch« und »Tier« befasste. In der abendländischen Tradition hat es immer zwei Wege gegeben, sich dieser Frage zu nähern. Auf dem einen Weg folgt man dem biblischen Gebot an die Menschen, sich die Erde untertan zu machen (»Seid fruchtbar und mehret euch und füllet die Erde und machet sie euch untertan und herrscht über die Fische im Meer und über die Vögel unter dem Himmel und über alles Getier, das auf Erden kriecht.«). Von sich räkelnden, schleichenden, schnurrenden Katzen ist zwar nicht die Rede, aber damit wird dem Menschen gleichwohl die Macht über das Tier, also: *alle* Tiere, gegeben, dass er mit ihnen nach Belieben verfahren könne. Zu Ende gedacht wären damit Tierversuche ebenso legitim wie jegliche Form der Massentierhaltung. Allein schon die simple Gegenüberstellung von »Mensch« und »Tier« soll deutlich machen, dass das »Tier« ein »Nicht-Mensch« ist, »un-menschlich« sozusagen, *hors l'humanité*, dem nahezu alle Eigenschaften fehlen, die eben den »Menschen« ausmachen – Vernunft, Sprache, Moral, die Fähigkeit zur Politik, wie

zumindest Platon betont. Und wem diese Eigenschaften fehlen, dem fehlen damit auch jegliche Rechte, die ansonsten dem »Menschen« zugestanden werden.

Der andere Weg führt zu der Frage, ob es nicht doch mehr Ähnlichkeiten gibt, als man gemeinhin annimmt. Vielleicht sind Tiere doch vernünftig und durchaus der Kommunikation selbst mit dem Menschen fähig. »Wenn ich mit meiner Katze spiele, wer weiß, ob sie nicht vielmehr mit mir spielt?«, hatte bereits der Philosoph Michel de Montaigne (1533–1592) gefragt. »Wir treiben wechselweise miteinander Possen. Gleichwie ich nach Gefallen anfangen oder aufhören kann: So kann sie es auch«. Montaigne schrieb ihnen damit die ansonsten nur für »menschlich« gehaltenen Fähigkeiten der Sprache und des Denkens zu. Aber: »Es ist noch nicht ausgemacht, an wem der Fehler liegt, dass wir einander nicht verstehen: Denn wir verstehen sie ebenso wenig, als sie uns verstehen.« Doch aus dem Umstand, dass sie eine andere Sprache sprechen als wir, folgt eigentlich nur, dass wir uns eben mehr Mühe geben müssen, diese Sprache zu erlernen.

Der englische Philosoph Jeremy Bentham (1748–1832) stellte ähnliche Fragen. Zum einen war er einer der Begründer der »utilitaristischen Ethik« – eine Handlung sei dann moralisch richtig, wenn sie den Gesamtnutzen aller Betroffenen maximiert. Zum anderen dachte er darüber nach, wer denn nun zum Kreis dieser »Betroffenen« gehört, und kommt zu der Antwort, dass auch die Tiere damit gemeint sind. Aus der Forderung, dass allen Teilen der belebten Schöpfung die gleichen Rechte zustehen, folgert er nun: »Vielleicht wird eines Tages erkannt werden, dass die Anzahl der Beine, die Behaarung der Haut oder die Endung des Kreuzbeins ebenso wenig Gründe dafür sind, ein empfindendes Wesen diesem Schicksal zu überlassen.« Dabei leitet Bentham diese Forderung nicht aus der »Fähigkeit des Verstandes« oder der »Fähigkeit der Rede« ab, sondern allein aus der Frage »Können sie leiden?«. Und da man diese Frage wohl unumwunden bejahen muss, gehören die Tiere zwangs-

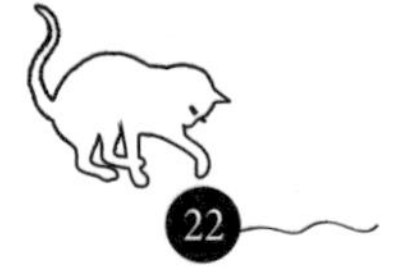

läufig zu jenen Betroffenen, deren Nutzen (oder Leid) man in seine moralischen Entscheidungen einbeziehen muss.

Wie aber kommt ein moderner Philosoph wie Derrida dazu, der sich ansonsten mit dem »Geist«, der »Grammatik« oder den »Schurken« befasst hat, ebenfalls über das Tier nachzudenken, als solches, eo ipso und sui generis, ja sogar *von* den Tieren her *für* die Tiere sprechen zu wollen? Ihnen auf den mäandernden Pfaden durch Welt und Geschichte zu folgen? – Am Anfang steht jedenfalls eine sehr persönliche Begegnung, nämlich mit seiner Katze im Bad. Eines Morgens, als er sich gerade im Bad befand, bemerkte der Philosoph, wie ihn seine Katze beobachtete. Und in diesem Moment empfand er eine »Regung der Schamhaftigkeit«. Er konnte das Gefühl der »Ungehörigkeit« nicht abschütteln, »die darin bestehen kann, sich nackt, mit exponiertem Geschlecht, splitterfasernackt vor einer Katze wiederzufinden, die einen anblickt, ohne sich zu regen, just um zu sehen«.

Der Philosoph war verwirrt, aber irgendwann stellte sich heraus, dass die Katze, die übrigens durchaus passend Logos hieß nichts anderes im Sinn hatte, als das ihr zustehende Frühstück einzufordern. Doch da war es schon um den Philosophen geschehen: Seine Reflexionen bewegten sich nun um die ganz große Frage, was die Katze beim Betrachten des Philosophen empfinden mag und was dem Philosophen beim Betrachten der Katze, die einen Philosophen betrachtet, durch den Kopf geht. Und ihm wurde allmählich klar, dass die strikte Grenze, die zwischen Mensch und Tier gezogen ist, zu jenen Kontingenten, zufälligen »Wahrheiten« gehört, die man immer wieder in Zweifel ziehen muss.

Was folgt, sind komplizierte und nicht immer ganz geradlinige Überlegungen zum Verhältnis von »Mensch« und »Tier«, die darin münden, die Vorstellung von der »Fremdartigkeit« des Tiers als einem »Nicht-Menschen« zu überwinden und sich damit auch bewusst zu werden, dass jene »Fremdartigkeit« auch das Verhältnis zu anderen Menschen bestimmt, deren Motive und Absichten uns im Zweifel

ebenso wenig bekannt sind wie diejenigen der Katze im Bad. Ja, mehr noch: dass wir uns selbst als Subjekte und Individuen nur in Relation zu diesen »fremden Anderen« definieren können. Wobei dann dieses Wissen um die fast schon universale »Fremdartigkeit« uns eine jegliche Form der Über- und Unterordnung verbietet – wir sind anders als die Anderen, aber zunächst einmal nicht unbedingt besser, klüger oder effizienter. Denn nicht nur das »Tier« ist ein »Mängelwesen«, wenn es im Gegensatz zu uns keine Seele, keine Sprache, kein Mitleid oder keine Kleidung besitzt, wir als »Menschen« sind es ebenso – schließlich sind umgekehrt dem »Tier« Lügen, Rache, Attentate, Terror oder Amokläufe völlig fremd. Wenn also überhaupt, so Derrida, bestehen zwischen uns und dem »Tier« (oder dem »anderen Menschen«) graduelle Unterschiede, aber keine im »Wesen«.

Jene Katze übrigens, die den Denker zum Denken veranlasst hatte, war in der Tat keine poetische oder literarische Katze, wie man sie bei Baudelaire oder Rilke oder Carroll findet. Derrida wird nicht müde zu betonen, dass es sich um eine »wirkliche« Katze handelt: »Die Katze, von der ich spreche, ist eine reale Katze, wahrhaftig glauben Sie mir, eine kleine Katze. Keine Figur der Katze. Sie schleicht nicht etwa leise ins Zimmer, um alle Katzen der Welt zu allegorisieren.« Derrida sagte es sogar noch genauer: Es war eine weibliche Katze, deren Blick auf das nackte Geschlecht des Philosophen ihn erröten ließ. Was immer das uns ansonsten zu sagen hat – Derrida hielt es für bedeutsam genug, den Leser mehrfach darauf hinzuweisen. Sei's drum: Letztlich ist die ganze Geschichte um die Katze im Bad ein weiteres Beispiel dafür, wie wichtig eben Katzen (und ebenso Kater) für die menschliche Kultur im Allgemeinen und die Philosophie im Besonderen sind. Und die realen, wirklichen ebenso wie die literarischen, fiktiven bei Montaigne oder Buber oder Bentham oder welch andere Philosophen uns gerade in den Sinn kommen, wenn wir an Katzen denken.

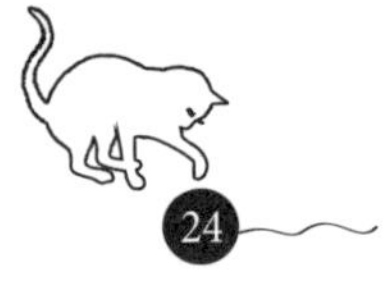

Eigentlich, so müsste man schließlich aus Derridas Gedankengängen folgern, würde es sich verbieten, fleischliche Nahrung zu sich zu nehmen. Denn als Fleischkonsument wäre man angesichts der Nähe zu den Tieren dann nichts anderes als ein Kannibale, denn was unterscheidet schließlich das Tier noch vom Menschen? – Eigentlich müsste Derrida Vegetarier, wenn nicht Veganer gewesen sein. War er aber nicht. Zwar bezeichnete er sich selbst als »Vegetarier in der Seele«, verzichtete aber nicht auf ein gutes Steak. Den Menschen eine bestimmte Art der Ernährung vorzuschreiben, würde auch nur »die Herrschaft des Subjekts reproduzieren«, wäre also ein Ausdruck von Macht. Damit wollte er nichts zu tun haben. Was vielleicht auch daher rührte, dass die Katze, »seine Katze«, mit Gemüse nun rein gar nichts anfangen konnte. Ganz im Gegenteil: Tierische Proteine sind und bleiben der wichtigste Bestandteil der kätzischen Ernährung. Der Katze das Mausen verbieten? – Wer könnte das mit gutem Gewissen tun, wenn er der Katze folgen will?

The Big Cat

RAYMOND CHANDLER
(1888-1959)

Vielleicht war Raymond Chandler kein besonders angenehmer Mensch. Er hatte erhebliche Probleme mit dem Alkohol, und zwar so sehr, dass er manche seiner Romane und Drehbücher nur im Zustand der völligen Trunkenheit schreiben konnte. Und sein erster Roman wird heute von Medizinern als literarisches Beispiel für fortschreitenden Alkoholismus gelesen. In seinen Äußerungen gegenüber anderen war er sarkastisch und polemisch bis hin zur puren Beleidigung – Alfred Hitchcock war für ihn einfach »dieser fette Bastard«. Von Geselligkeit, Partys oder Galas hielt er wenig. Er lebte abgeschieden, wechselte anfangs in einem fast jährlichen Rhythmus seinen Wohnort und kommunizierte eher in Briefen als in persönlichen Gesprächen. Eine Bekannte, deren Einladung er einmal eher widerstrebend angenommen hatte, erzählte: »Bei einer unserer Parties schien er sich mehr für unsere Katze zu interessieren als für die Gäste. Unsere Katze war für den Abend in unseren Wohnwagen verbannt worden, aber Chandler wollte ihr einen Besuch abstatten, und ich musste ihn zu ihr führen. Er ließ sich ausgiebig Zeit, sie zu streicheln und zu trösten, weil man sie ausgesperrt hatte. Ich hatte das Gefühl, dass ihm bei unserem Zwiegespräch wohler war als drinnen bei dem Partytrubel.«

Chandlers Attitüden mögen eine Menge damit zu tun gehabt haben, dass er 1924 seine fast 20 Jahre ältere Frau Cissy geheiratet hatte, die mit zunehmendem Alter sehr krank wurde und mehr als vieles andere seiner Pflege und Hilfe bedurfte. Und wenn er auch noch

schreiben wollte, um das notwendige Geld für den Lebensunterhalt zu verdienen, dürfte nicht mehr viel Energie für andere Aktivitäten vorhanden gewesen sein. Ohnehin bereitete es ihm Mühe genug, regelmäßig neue Romane zu veröffentlichen, um den hohen Anforderungen von Verlegern und Lesern gerecht zu werden. Viel Zeit dazu war ihm nicht geblieben, denn er hatte schließlich seinen ersten Roman (*The Big Sleep*, 1939) erst mit 50 Jahren vollendet. Was folgte, waren in unregelmäßigen Abständen bis 1958 sechs weitere Romane, von denen der vorletzte (*The Long Good-Bye*, 1953) der persönlichste und schönste von allen war.

Zweifelsohne gilt Raymond Chandler als einer der großen Gestalten des Kriminalromans. Mit seinem Detektiv Philip Marlowe gelang es ihm, ein Vorbild und einen Maßstab zu erschaffen, an dem sich heute noch Autoren in aller Welt versuchen. Marlowe ist anders als der arrogante Sherlock Holmes, die betuliche Mrs. Marple oder der neurotische Hercule Poirot. Er ist nicht umfassend gebildet, aber er kennt die Menschen, nicht zuletzt ihre alltäglichen Schwächen und Marotten. In gewisser Weise ist er »moralischer« als die Detektive der klassischen englischen Schule, denn ihm geht es um Gerechtigkeit und nicht bloß um das intellektuelle Abenteuer, das den Amateur geradezu zwanghaft dazu drängt, einen möglichst kniffligen Fall zu lösen.

In seinen Romanen war Chandler nicht mehr darauf aus, auf möglichst umständliche Art und Weise die Geheimnisse eines Verbrechens zu klären, sondern den Zustand der Welt aus der Sicht eines Mannes zu beschreiben, der sich bemüht, einen Funken Anstand und Ehre zu bewahren. Ganz im Gegensatz zu den englischen Krimis mit ihren skurrilen Ermittlern, mit ihren komplizierten Fällen und überraschenden Lösungen versuchte er, »den Mord zu der Sorte von Menschen zurückzubringen, die mit wirklichen Gründen morden, nicht nur, um dem Autor eine Leiche zu liefern, und mit realistischen Gegenständen, nicht nur mit handgearbeiteten Duellpistolen, Curare oder tropischen Fischen« – wie es Chandler selbst einmal formuliert

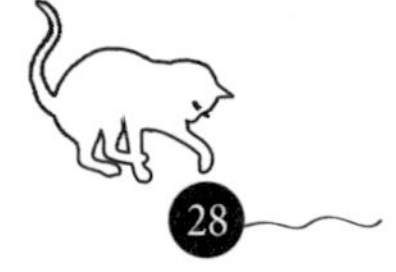

hatte. Ja, es ging ihm so wenig um die »Lösung« eines Falles, dass er 1946 bei der Verfilmung des Romans *The Big Sleep* bekennen musste, dass er selbst nicht wusste, wer wen umgebracht hatte.

Aber da gab es dann noch etwas, das seine Aufmerksamkeit und Zuneigung erregte – seine Katze Taki. Sie war zu Beginn der 1930er-Jahre in den Haushalt der Chandlers gekommen, etwa zu dem Zeitpunkt, als er sich entschlossen hatte, alle beruflichen Brücken als Manager einer Ölfirma hinter sich abzubrechen und sich auf das Schreiben zu konzentrieren. 1934 veröffentlichte er die Kurzgeschichte *Finger Man* und darin, und zwar zum einzigen Mal in seinen Werken, spielt eine Katze eine entscheidende Rolle. Der Detektiv, der hier Carmady und noch nicht Marlowe heißt (der kommt später), wird von einem Gangsterboss in eine üble Falle gelockt. Dorr, der Schurke, will dem Detektiv einen heimtückischen Mord unterschieben, und es sieht danach aus, als ob es kein Entrinnen gäbe. Aber wie sich bald herausstellt, hat Dorr eine schwache Stelle. Vor ihm nämlich, »auf dem Schreibtisch saß eine sehr große schwarze Perserkatze. Mit einer seiner kleinen, zierlichen Hände kraulte er der Katze den Kopf, und die drängte sich gegen seine Hand. Ihr buschiger Schwanz reichte über die Tischkante und fiel senkrecht nach unten«.

»Das ist Tobby, meine Freundin«, sagt der Gangster noch und kümmert sich weiter um die Katze: Er »zog sie am Schwanz zu sich, rollte sie auf die Seite und begann, ihr den Bauch zu kraulen. Die Katze schien das zu mögen«. Aber die Idylle hält nicht lange an; Dorr wird unangenehm und macht dem Detektiv sehr deutlich, welche unangenehmen Dinge noch auf ihn zukommen werden. Außerdem stehen draußen vor der Tür zwei weitere Gangster, die nur auf ein Zeichen warten, um den Detektiv in die Mangel zu nehmen. Aber der hat schon längst einen Plan: Er lockt die Katze zu sich. »Ich kraulte die Katze unter dem Kinn. Sie begann zu schnurren. Ich nahm sie auf und hielt sie vorsichtig auf meinem Arm.« Noch ist alles unverdächtig und der Schurke völlig arglos. »Mir scheint«, sagt er noch,

»das kleine Biest kann Sie leiden.« Und da geschieht es: »Ich nickte – und warf ihm die Katze ins Gesicht. Er kiekste auf und riss seine Hände hoch, um die Katze aufzufangen. Das Tier drehte sich in der Luft und landete mit gespreizten Krallen in seinem Gesicht. Eine Kralle riss Dorrs Wange wie eine Bananenschale auf. Er schrie laut.« Das alles geschieht in wenigen Augenblicken, aber Carmady bleibt genügend Zeit, sich der Waffe des Gangsters zu bemächtigen und nach einigem Hin und Her zu fliehen.

Die Ähnlichkeiten sind unübersehbar: Auch Taki, die reale Katze Chandlers, ist eine schwarze Angorakatze mit buschigem, aufrecht getragenem Schwanz. Sie sollte ursprünglich Take heißen, nach dem japanischen Wort für Bambus, aber die meisten sprachen es nicht zweisilbig, sondern wie das englische *take* aus. Irgendwann hatten die Chandlers es satt, immer wieder alles erklären zu müssen, und so wurde aus Take eben Taki. Aber eigentlich nannte Chandler sie »meine Sekretärin«. Und er schrieb: »Ich nenne sie so, weil sie, seit ich mit dem Schreiben angefangen habe, um mich gewesen ist.« Und wie eine jede Katze hatte Taki ihre strikten Gewohnheiten: »Gewöhnlich saß sie auf dem Papier, das ich grad benutzen wollte, oder auf dem Manuskript, das ich überarbeiten wollte; manchmal lehnte sie sich an die Schreibmaschine, und manchmal blickte sie auch nur ruhig von einer Ecke des Tisches aus dem Fenster, so als wolle sie sagen: ›Das Zeug, was du da machst, ist reine Zeitverschwendung, mein Lieber.‹«

Als Chandler in seinen Briefen über Taki schrieb, war die Katze schon ziemlich alt. Und sie hat dabei auch einige sonderliche Eigenarten entwickelt, nicht zuletzt, »dass sie niemals etwas tötet. Sie bringt, was sie gefangen hat, lebendig an und lässt es sich dann wegnehmen. Sie hatte schon mehrmals Tiere ins Haus gebracht, eine Taube etwa, einen blauen Sittich oder einen großen Schmetterling«. Und wenn diesen Tieren nicht wieder von selbst die Flucht gelang, dann musste sich eben jemand anders darum kümmern: »Mäuse findet Taki langweilig, aber sie fängt sie, wenn sie's denn partout nicht

anders wollen, und dann muss ich sie umbringen«, beklagte sich Chandler. Aber zumindest nahm Taki die Pflichten sehr ernst, die im uralten Vertrag zwischen Mensch und Katze vereinbart sind, nämlich Haus und Hof vor Nagetieren zu beschützen: »Von Zeit zu Zeit durchstöbert sie sämtliche Schränke und Wandschränke nach Mäusen und veranstaltet so eine regelrechte Inspektion. Sie findet zwar nie mehr eine, aber offenbar hat sie das Gefühl, dass das zu ihren Pflichten gehört.«

Wer seine Pflichten erledigt, kann auch Rechte einfordern. Und dabei war Taki ebenso rigoros, nicht immer zur reinen Freude Chandlers: »Unsere Katze wird langsam ausgesprochen tyrannisch. Wenn sie sich irgendwo allein fühlt, stößt sie ein Geheul aus, dass einem das Blut in den Adern gerinnt, und das hält sie durch, bis jemand angelaufen kommt.« Und dabei blieb es nicht: »Sie schläft auf einem Tisch in der Seiten-Veranda und verlangt jetzt, dass man sie rauf- und runterhebt«. Beim Essen war es das Gleiche: »Sie kriegt abends gegen acht warme Milch und fängt bereits um halb acht an, danach zu schreien. Wenn sie ihr Näpfchen endlich hat, trinkt sie ein bisschen, geht dann beiseite und setzt sich unter einen Stuhl; dann kommt sie wieder und schreit sich wieder die Lunge aus dem Leib, bis jemand sich neben sie stellt, während sie sich erneut der Milch zuwendet.« Außerdem mochte Taki es gar nicht, wenn die Chandlers nicht zu Hause waren: »Als wir das letzte Mal weggingen, schlug sie der Köchin die Brille von der Nase, und als wir wiederkamen, spuckte sie mich an und sprach zwei Tage lang kein Wort mit uns« – Taki, nicht die Köchin. Tatsächlich – die Katze war verwöhnt, aber es kümmerte sie nicht im Geringsten: »Man hat mir gelegentlich zu verstehen gegeben«, gab Taki selbst zu, »ich sei ein bisschen versnobt. Wie wahr! Ich bin es leidenschaftlich gern.«

Dazu gehörte auch, dass Taki sehr genau zwischen Menschen unterscheiden konnte, die ihr sympathisch oder eben unsympathisch waren. Und denen zeigte sie es dann so richtig: Sie setzt »sich mitten ins Wohnzimmer, wirft einen verächtlichen Blick in die Runde und

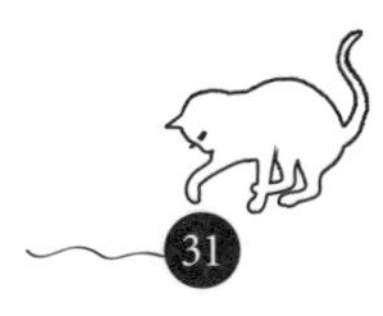

geht dann daran, sich den Rücken zu putzen – oder vielmehr den verlängerten Rücken. Mitten in dieser reizenden Vorstellung hält sie ganz plötzlich inne, hebt den Kopf, ohne ansonsten ihre Haltung zu ändern (ein Bein kerzengerade gegen die Decke gerichtet), starrt in den Raum, um dabei irgendein abstruses Problem zu durchdenken, und widmet sich dann wieder der Reinigung ihres Hinterteils. Diese Arbeit wird stets in der öffentlichsten Weise verrichtet«. Wer selbst mit einer Katze lebt, muss nicht lange nachdenken, um sich an ein solches Verhalten zu erinnern.

Aber alles geht einmal zu Ende. 1950 war Taki fast 20 Jahre alt, und ein viel längeres Leben kann man von einer Katze nicht erwarten. Angeblich soll die älteste Katze der Welt zwar 38 Jahre alt geworden sein, aber selbst wenn es zutreffen sollte, wäre es die absolute Ausnahme. Keiner weiß warum, aber für die meisten Katzen ist ein Alter von 13 oder 14 Jahren eine fast unüberwindliche Hürde, und inzwischen – dank verbesserter Medizin und Ernährung – schaffen es einige Katzen auch darüber hinaus, aber irgendwann ist für alle einmal Schluss. Im Falle Takis war es am 14. Dezember 1950 so weit. Chandler war zutiefst berührt: »Unsere kleine schwarze Katze musste gestern eingeschläfert werden. Wir sind ganz gebrochen davon. Sie war fast 20 Jahre alt. Wir sahen es kommen, natürlich, hofften aber immer noch, sie könnte neue Kraft finden. Aber als sie zu schwach wurde, um sich noch auf den Beinen zu halten, und praktisch aufhörte zu essen, blieb nichts anderes mehr übrig.« Und er fügte noch hinzu: »Schade, dass man es mit den Menschen nicht ebenso machen kann.« Auf jeden Fall fühlten sich die Chandlers völlig aus der Bahn geworfen, er schrieb, »dass wir uns jetzt geradezu fürchten, in das stille leere Haus zu kommen, wenn wir abends fort waren«. Und: »Wenn ich sage, dass wir ein bisschen mitgenommen waren, dann ist das konventionelle Distanz. In Wirklichkeit war es eine Tragödie für uns.«

Kein Wunder, denn Chandler liebte seine Katze so sehr, dass er stundenlang mit ihr redete. Und – so glaubten manche zu wissen –

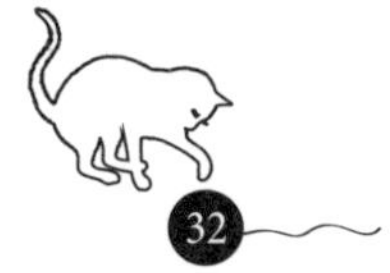

Taki wusste mehr über Chandler als irgendjemand sonst. So fiel es ihm auch schwer, eine andere Katze zu finden. Als erste Alternative kam eine kleine Siamkatze ins Haus, »aber der kleine Kerl krallte und biss alles in Fetzen, und seine Behandlung brachte so viel Schwierigkeiten mit sich, dass ich ihn dem Züchter zurückbringen musste. Mir war dabei ziemlich schlimm zumute, denn er war ein liebevoller kleiner Teufel und steckte voller Leben. Aber er zerriss mir die Decken und zerriss mir die Anzüge und hätte am Ende wohl noch die gesamte Einrichtung ruiniert«. So ist es dann doch wieder »eine neue schwarze Angora, die genauso aussieht wie unsere letzte, so aufs Haar genau, dass wir ihr auch denselben Namen gegeben haben, Taki«.

Nachdem 1954 Chandlers Frau Cissy stirbt, versank er in Depressionen und Alkohol. Er irrte zwischen England und Amerika hin und her, soweit man weiß, ohne die Katze. Schließlich, am 26. März 1959, starb er recht einsam in La Jolla, Kalifornien. Der Wunsch, neben seiner Frau bestattet zu werden, wurde ihm versagt. Erst im Jahre 2011 wurden beide auf Initiative einer Bewunderin nach langen Mühen auf dem Mount Hope Cemetery in San Diego wieder vereint. Wo die sterblichen Überreste von Taki geblieben sind, weiß niemand.

Tanz mit dem Katzenmann

HARUKI MURAKAMI
(1949)

Danach befragt, warum Katzen für ihn und sein Werk eine Bedeutung haben, antwortete der japanische Schriftsteller Haruki Murakami lapidar: »Wohl deshalb, weil ich persönlich Katzen mag. Ich hatte sie immer um mich, seit ich klein gewesen bin. Aber ich weiß nicht, ob sie irgendeine andere Bedeutung haben.« Nun – der Autor mag es nicht zugeben, aber für den Leser spielen die Katzen Murakamis durchaus eine gewichtige Rolle. Denn immerhin sind sie in vielen seiner Romane äußerst präsent, sind sogar oft genug das wesentliche, wiederkehrende Leitmotiv. Und das hat dann sicherlich etwas damit zu tun, dass ihn Katzen sein ganzes Leben lang begleitet haben.

Geboren in Kyoto und aufgewachsen in Kobe, kam Haruki Murakami 1968 nach Tokio, studierte Theaterwissenschaft und eröffnete 1974 einen Jazzklub. Eine der Katzen, die damals mit ihm zusammenwohnte, hieß Peter, und so benannte er den Klub »Peter Cat«. Ausgestattet war die Bar mit diversen Bildern von Katzen, darunter nicht zuletzt die berühmte Darstellung der Cheshire Cat aus Lewis Carrolls *Alice im Wunderland*. Allerdings kam der Kater mit dem hektischen Leben in der Großstadt nicht zurecht, vielleicht mochte er auch keine Jazzmusik, sodass Peter schon bald zu einem Freund aufs Land gegeben werden musste, wo er sich deutlich wohler fühlte. Der Klub war zwar recht erfolgreich, aber er warf letztlich doch nicht genügend Geld für Murakami und seine Frau Yoko ab, sodass sie in diesen Jahren ein eher kärgliches Leben führten. »Wir

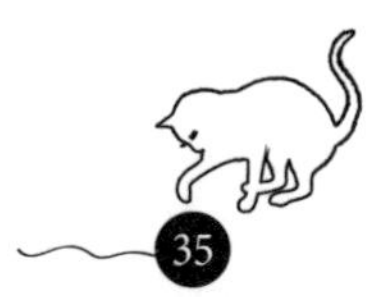

hatten keinen Fernseher«, erinnerte er sich später, »kein Radio und keinen Wecker. Unsere Wohnung hatte keine Heizung, und in kalten Wintern konnten wir nur schlafen, wenn wir unsere vier Katzen fest im Arm hielten. (Auch sie schmiegten sich fast verzweifelt an uns.)« Offenbar waren diese Katzen hartgesottener als Peter.

1978 schließlich, während eines Baseballspiels, beschloss Murakami, einen Roman zu schreiben: »Ich hatte das Gefühl, etwas wäre langsam vom Himmel gesegelt und ich hätte es mit den Händen aufgefangen«, schreibt er über diesen Augenblick. »Warum es zufällig in meinen Händen landete, weiß ich nicht. Ich weiß es bis heute nicht.« Was auch immer es gewesen sein mochte, es reichte, um innerhalb weniger Monate, wenn auch unter erheblichen Mühen, seinen ersten Roman zu schreiben: *Wenn der Wind singt*. Er schickte das Manuskript an eine Literaturzeitschrift und erhielt postwendend dafür einen Nachwuchspreis, was wiederum dazu führte, dass der Roman tatsächlich und mit einigem Erfolg 1979 veröffentlicht wurde. Murakami schrieb weitere Romane in schneller Folge und wurde allmählich in Japan so bekannt, dass er gegenüber seinem Verlag einige Privilegien durchsetzen konnte. In der Kurzgeschichte *Das Geheimnis einer alten Katze* erzählt er davon, wie er für die Fertigstellung des 1987 veröffentlichten Romans *Norwegian Wood* durchgesetzt hatte, dass sich der Verlag während eines Aufenthaltes im Ausland um das Wohlergehen seiner Katze namens Fuko Neko (dt. »Glückskatze«) kümmern sollte.

Literarisch verarbeitet findet sich diese kleine Geschichte in *Wilde Schafsjagd* von 1982. Der namenlose Erzähler erhält von einem eher obskuren Unternehmen den Auftrag, in Hokkaido nach einem seltenen Schaf zu suchen. Nach einigem Zögern erklärt er sich dazu bereit, allerdings eben nur unter der Bedingung, dass man sich währenddessen um den ebenfalls namenlosen Kater kümmert, der seit einiger Zeit im Haushalt des Erzählers lebt. Unwillkürlich stellt man sich eine süße kleine Katze vor, wie aus den zahllosen japanischen Katzenvideos. Aber Murakami enttäuscht uns: »Der Kater war aller-

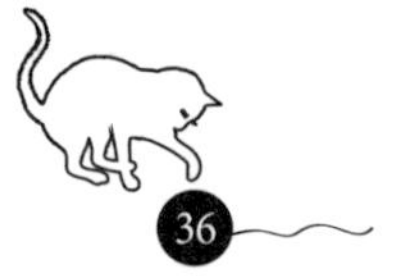

dings ganz und gar nicht niedlich. Eher das genaue Gegenteil. Das Fell war dünn wie ein abgewetzter Teppich, die Schwanzspitze um 60 Grad abgeknickt, die Zähne gelb. Die Sehkraft des linken Auges, das von einer vor drei Jahren erlittenen Verletzung noch immer eiterte, ließ ständig nach. Es war zweifelhaft, ob er Turnschuhe von Kartoffeln unterscheiden konnte. Die Sohlen seiner Pfoten sahen aus wie vertrocknete Erbsen, in seinen Ohrgängen tummelten sich unausrottbare Milben, und außerdem musste er vor Altersschwäche zwanzigmal am Tag furzen.«

Man debattiert hin und her, doch schließlich wird der Kater in die Obhut des Konzerns genommen, und zwar unter genauesten Anweisungen unseres Erzählers: »Füttern Sie bitte kein fettes Fleisch. Der Kater erbricht das wieder. Auch nichts Hartes bitte; seine Zähne sind nicht mehr gut. Morgens eine Flasche Milch und eine Dose Katzenfutter, abends ein paar getrocknete Sardinen und Fleisch oder Käsestangen. Das Katzenklo bitte täglich wechseln. Er mag nicht, wenn es verdreckt ist. Er bekommt öfters Durchfall; flößen Sie ihm, wenn der Durchfall zwei Tage anhält, Medizin ein; die bekommen sie beim Tierarzt.«

Aber das ist noch längst nicht alles: »Er leidet unter Ohrmilben. Säubern Sie ihm bitte einmal täglich mit in Olivenöl getränkten Wattestäbchen die Ohren. Er mag das nicht und wehrt sich dagegen: Achten Sie bitte auf die Trommelfelle. Wenn Sie befürchten, dass er Ihnen die Möbel zerkratzt, schneiden Sie ihm einmal in der Woche die Krallen. Eine normale Nagelschere genügt. Flöhe hat er keine, glaube ich, aber sicherheitshalber schlage ich vor, ihn ab und zu mit Antiflohshampoo zu shampoonieren. Das bekommen Sie in jeder Tierhandlung. Nach dem Baden bitte gut abtrocknen, das Fell bürsten und dann föhnen. Sonst erkältet er sich.« Das sind ohne Zweifel präzise Hinweise, die ein jeder Katzenbesitzer nachvollziehen kann. Leider erfahren wir am Ende des Romans nicht, was in der Zwischenzeit aus dem Kater geworden ist, nur dass er noch lebt, aber offenbar einen anderen Namen erhalten hat.

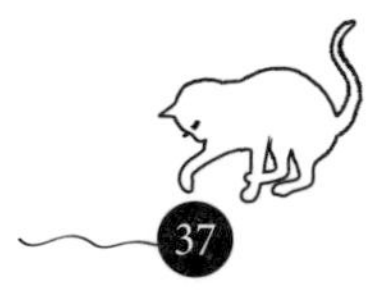

Nachdem Katzen anfangs eher in ihrem puren Dasein in einem Haushalt voller Menschen beschrieben werden, so ändert sich das in Murakamis Roman *Mister Aufziehvogel* von 1995. Hier nimmt ein Kater namens Noburu Wataya das vorweg, was den menschlichen Protagonisten nur wenig später widerfahren wird. Er verschwindet eines Tages völlig unerwartet aus dem Leben von Toru Okada, dem Erzähler der Geschichte. Okada ist einer der typischen Charaktere Murakamis: Ein 30-Jähriger, der gerade seinen Job als Handlanger in einer Anwaltskanzlei aufgegeben hat und nun sein Leben ohne größere Ambitionen verbringt. Auch der Kater kommt bekannt vor: »Ein großer Kater. Braun getigert. Schwanzspitze leicht gebogen.«, außerdem trägt er noch ein schwarzes Flohhalsband. Der Kater also verschwindet, und Okadas Frau Kumiko muss ihn geradezu dazu zwingen, nach dem Kater zu suchen. Okada selbst nimmt die Sache zunächst gelassen: »Jetzt musste ich mich also auf Katerjagd begeben. Ich hatte Katzen immer schon gemocht, und ich mochte diesen bestimmten Kater. Aber Katzen haben ihre eigenen Vorstellungen vom Leben. Sie sind nicht dumm. Wenn eine Katze aufhörte, bei jemandem zu wohnen, dann bedeutete das einfach, dass sie beschlossen hatte, woandershin zu gehen. Sobald sie müde und hungrig war, würde sie schon zurückkommen. Trotzdem aber würde ich mich Kumiko zuliebe auf die Suche nach unserem Kater machen. Ich hatte sowieso nichts Besseres zu tun.«

Obwohl Okada sich wirklich Mühe gibt, bleibt die Suche erfolglos, wofür Kumiko wiederum ihren Mann verantwortlich macht und ihn kurze Zeit später verlässt. Tatsächlich lässt Okada nicht locker, konsultiert sogar eine Hellseherin, die ihm jedoch auch nicht weiterhelfen kann. Dafür aber trifft Okada auf neue Menschen, und allmählich entwickelt sich die Suche nach dem Kater zu einer Suche nach der Wahrheit und Okadas Selbst und damit auch nach einem Sinn in seinem Leben. Dazu muss er zwar einige Zeit von düsteren Visionen geplagt in einem leeren Brunnen verbringen, aber schließlich findet er doch den Weg zu sich selbst. Auch der Kater kehrt nach

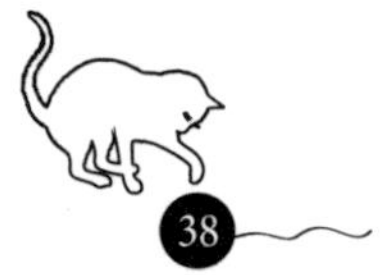

einem Jahr heim und hat in der Zwischenzeit den Namen Oktopus angenommen, um sich von den Dämonen der Vergangenheit zu lösen. Selbst ein Neuanfang mit Kumiko scheint für Okada möglich, wenn auch erst in einigen Jahren, denn sie sitzt wegen des Mordes an ihrem Bruder noch im Gefängnis. Aber wie auch immer: Der Roman *Mister Aufziehvogel* zumindest etabliert Murakamis internationalen Ruf, zunächst in den USA, dann aber auch in Europa.

Kafka am Strand allerdings, veröffentlicht 2002, ist der »große« Katzenroman Murakamis. Eigentlich sind es zwei Geschichten, kunstvoll miteinander verwoben, nämlich zum einen die Erzählung des 15-jährigen Kafka Tamura, der vor seinem Vater Koichi Tamura von Tokio nach Shikoku flieht, der kleinsten der vier Hauptinseln Japans. Kafka hat keinen besonderen Plan, außer dass er die Zukunft auf sich zukommen lassen will. Dass er in seinen Abenteuern Menschen kennenlernt, die ihn auf dem Weg zu sich selbst begleiten, gehört nun einmal zu Murakamis beliebten Themen. Katzen spielen dabei zunächst einmal keine besondere Rolle, nur dass Kafka ab und zu eine Katze über den Weg läuft, die er ausgiebig und liebevoll streichelt. Aber das bleiben Randepisoden.

In der anderen Geschichte hingegen sind Katzen der wesentliche Dreh- und Angelpunkt. Erzählt wird von Satoru Nakata, mehr als 60 Jahre alt, der in seiner Kindheit von einer unerklärlichen Ohnmacht befallen war. Nachdem er drei Wochen später aus dem Koma erwacht war, konnte er sich an nichts mehr erinnern, weder an das, was vorher geschehen war, noch an sein früheres Leben. Er verliert sogar die Fähigkeit, zu lesen und zu schreiben; dafür allerdings ist er seitdem in der Lage, mit Katzen zu sprechen: »Nicht dass Nakata immer und mit jeder Katze sprechen kann«, sagt er selbst dazu, »aber wenn alles gut läuft, kann er sich einigermaßen unterhalten.« Diese sonderliche Fähigkeit ermöglicht es ihm, etwas Geld mit dem Auffinden verschwundener Katzen zu verdienen: »Katzen, von denen niemand weiß, wo sie sind. Und weil Nakata ein bisschen Katzen-

sprache kann, sammelt er überall Spuren, die helfen, die verschwundenen Katzen zu finden.«

In unserer Geschichte ist es eine Katze namens Goma, die er zu finden hofft. Auf der Suche nach ihr trifft er andere Katzen, die ihm tatsächlich ein wenig weiterhelfen können. Zunächst ist es ein getigerter Kater namens Kawamura, der allerdings mit unverständlichen Worten in Rätseln spricht und nur etwas über Makrelen zu sagen weiß. Dann aber lernt er eine schöne schlanke Siamkatze kennen, und die erweist sich als äußerst hilfreich. »Bitte nennen Sie mich Mimi«, stellt sich Nakata vor. »Wie Mimi aus La Bohème. So heißt es auch in dem Lied – ›Mi chiamano Mimi‹.« Sie ist ziemlich klug, kommt sie doch aus einem gebildeten Haushalt, und bezieht ihr Wissen, wie sie verlegen eingesteht, aus dem täglichen Fernsehprogramm. Jedenfalls verweist sie ihn auf ein leer stehendes Gewerbegebiet, einem Tummelplatz für streunende Katzen, wo sich allerdings ein seltsamer Mann herumtreibe, »dieser Mann sei groß, trage einen komischen Hut und hohe Lederstiefel. Und er läuft schnell«. Die Katzen, sagt Mimi, hätten Angst vor ihm: »Wenn die Katzen auf dem Bauplatz ihn sehen, rennen sie in alle Richtungen davon wie Spinnenbabys.«

Mimi warnt ihn noch vor einem Besuch des Bauplatzes, aber Nakata weiß, dass er dorthin muss, wenn er Goma finden will. Also macht er sich unverdrossen auf den Weg und verbringt dort einige Tage, ohne dass etwas geschieht. Dann aber trifft er auf einen schwarzweißen Kater, der Okawa heißt, und der warnt ihn noch einmal eindringlich vor den Gefahren. Nakata jedoch bleibt, »aus welchem Grund sollte sich ein Mensch vor einem Katzenfänger fürchten?«. Nun aber taucht unvermittelt ein Hund auf, mit schwarzem Fell, groß wie ein Kalb, Muskeln aus Stahl, ein aggressiver Hund, »ein Hund, wie er zu militärischen Zwecken eingesetzt wird«. Er ist tatsächlich furchteinflößend, zumal auf seinen Reißzähnen noch Blutspuren zu erkennen sind und noch schleimige Fleischfetzen an seinen Lefzen hängen. Nakata selbst hat keine Angst, da er sich weder Schmerzen noch den Tod vorstellen kann, und so folgt er dem Hund, der ihn

auf verschlungenen Wegen zu einem Wohnhaus mit altertümlicher Mauer und prächtigem Tor führt. Und dort trifft er auf einen Mann mit einem schwarzen Zylinder, einem langen, eng anliegenden roten Frack, einer schneeweißen Hose, die aussieht wie eine lange Unterhose, einer schwarzen Weste und schwarzen Stiefeln. Er sei Johnnie Walker, sagt der Mann und wundert sich, dass Nakata ihn nicht kennt.

Was dann aber folgt, ist die wohl brutalste Szene in Murakamis Werk. Johnnie Walker nämlich hat einen Vertrag abgeschlossen, der ihm ein unendliches Leben garantiert, wofür er jedoch Katzen töten und ihre Seelen sammeln muss. Jene Seelen wiederum benötigt er, um eine besondere Flöte daraus herzustellen, mit der er größere Seelen fangen kann, aus denen eine noch größere Flöte entsteht, bis er am Ende eine »große kosmische Flöte« anfertigen kann. Aber eigentlich will Johnnie Walker nicht mehr: »Ehrlich gesagt, ich habe das Leben satt. Ich will nicht mehr weiterleben. Außerdem habe ich genug davon, Katzen zu töten. Aber solange ich am Leben bin, muss ich Katzen töten. Und ihre Seelen sammeln.« Johnnie Walker will also, dass Nakata ihn tötet, die einzige Möglichkeit, um diesem ewigen Kreislauf zu entrinnen. Der aber weigert sich standhaft, hat er doch gar keine Erfahrung darin, wie man tötet.

Und so beginnt Johnnie Walker damit, Katzen auf eine höchst grausame Art und Weise zu töten, in der Hoffnung, Nakata wütend genug zu machen. Wie er das tut, beschreibt Murakami so detailliert, dass man selbst am liebsten sofort zum Messer greifen würde, wenn Katzenköpfe rollen und Katzenherzen verspeist werden. Aber das dauert noch eine Weile, erst kommt Kawamura an die Reihe und wird brutal geschlachtet. Nakata versucht es noch einmal mit Bitten und Flehen, aber Johnnie Walker antwortet stoisch: »Es ist nur eine Vorschrift. Das heißt, wenn du nicht willst, dass noch mehr Katzen getötet werden, bleibt dir nichts anderes übrig, als mich zu töten.« Und dann greift er zu Mimi, der Siamkatze. Nun aber ist es mit Nakatas Geduld zu Ende. »Nakata erhob sich wortlos von seinem

Sitz. Niemand, nicht einmal Nakata selbst, wäre imstande gewesen, diese Tat aufzuhalten.« Er ersticht Johnnie Walker und kann Mimi und auch Goma retten, dann aber versinkt er in einen tiefen, traumlosen Schlaf. Als er aber wieder aufwacht, kann er die Sprache der Katzen nicht mehr verstehen. Allerdings trifft er einige Zeit später auf den LKW-Fahrer Hoshino, der ihn auf den weiteren Etappen seiner Reise begleitet und bei dem sich – auf welche wundersame Weise auch immer – genau diese Fähigkeit wiederfindet.

Kafka am Strand ist einer der erfolgreichsten Romane Murakamis. Für die *New York Times* gehörte er zu den zehn besten Romanen des Jahres 2005, und im Jahr darauf gewann Murakami dafür den Franz-Kafka-Literaturpreis (der auch Peter Handke, Arnold Pinter, Stanisław Lem oder Philip Roth verliehen worden war) und den World Fantasy Award, beides renommierte Literaturpreise. Auch die Kritik reagierte begeistert, wobei die Rezensionen im angelsächsischen Raum noch ein wenig besser ausfielen als in Deutschland. Im Jahre 2015 gehörte Murakami immerhin für das *Time Magazine* zu den 100 einflussreichsten Personen der Welt (als *icon* zusammen mit Papst Franziskus). Auch für den Nobelpreis für Literatur war Murakami immer wieder im Gespräch, erhalten hat er ihn jedoch bislang noch nicht. Vielleicht mag das Preiskomitee keine Katzen, und vielleicht wurde auch deshalb 2018 keiner vergeben. So ganz genau weiß man es nicht. Wer sich allerdings für Katzen in der modernen Literatur interessiert, wird bei Murakami sicherlich fündig.

Komm, schöne Katze

CHARLES BAUDELAIRE
(1821–1867)

An keiner Straßenkatze in Paris, so erzählt man sich, konnte Charles Baudelaire vorübergehen, ohne stehen zu bleiben, sich zu ihnen herabzubeugen und sie liebevoll zu streicheln. Und manchmal, so erzählte ein Freund, sah man Baudelaire gedankenverloren in einer Wäscherei stehen, wie er bewundernd eine Katze beobachtete, die sich faul auf einem Stapel frischer, warmer Wäsche räkelte. Baudelaire – der sich so sehr eins mit den Katzen fühlte, dass ein zeitgenössischer Chronist über ihn schrieb, er sei eine »sinnliche, betörende Katze mit samtweichen Manieren«. Das mag ironisch gemeint gewesen sein, war aber wohl nichts weiter als die Wahrheit.

Denn tatsächlich hatten seine Mitmenschen eine Menge auszuhalten, wenn sie Umgang mit Baudelaire pflegen wollten: Für ihn nämlich waren die Katzen weitaus bedeutsamer als die Menschen, wichtiger als selbst seine Familie und Freunde. Und wenn er einmal eingeladen war (was nach und nach immer seltener vorkam), kümmerte er sich fast ausschließlich um die heimischen Katzen – er nahm sie auf den Arm, kraulte und küsste sie sogar und war derart von ihnen eingenommen, dass er kaum bemerkte, wenn man mit ihm sprach. Und es kam häufiger vor, dass er umgehend ein Haus verließ, wenn er feststellen musste, dass sich dort keine Katzen aufhielten. Dass sich daraus von Zeit zu Zeit kleinere Skandale entwickelten, die in aller Munde waren, war dann kaum zu vermeiden.

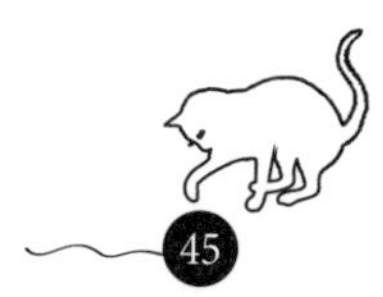

Nein, Charles Baudelaire war kein einfacher Mensch, weder im Umgang mit sich selbst noch anderen gegenüber. Geben wir es zu: Er hatte auch kein einfaches Leben. Und die Erwartungen vor allem seiner Mutter erfüllte er auch nicht. Zwar macht er sein Bakkalaureat, also sein Abitur, im Jahre 1839. Auch sein Jurastudium beendet er, aber von einer Karriere im diplomatischen Dienst wollte er nichts wissen. Denn Charles – der »Pierre« war zwischenzeitlich irgendwie verloren gegangen – hatte ganz andere Ansprüche an sein Leben: Er sah sich als Künstler, besuchte lieber Cafés, Kneipen und Bordelle als die Universität. Baudelaire wird das, was man früher einmal einen Stutzer genannt hat, ein Snob, ein Beau, der viel Wert auf elegante Kleidung, gute Manieren und ein witziges Wort zu jeder Gelegenheit legt. Baudelaire streifte durch die Straßen der Stadt, »mit ruckartigen Schritten, nervös und dumpf zu gleich, wie diejenigen einer Katze«, schreibt ein zeitgenössischer Beobachter. Er ist der »einsame Spaziergänger« (frz. *le promeneur solitaire*), ein »Flaneur«, er streift durch die Straßen von Paris, langsam und aufmerksam, er schaut genau hin, beobachtet und kommentiert die kleinen Begebenheiten des Alltags in der modernen Massengesellschaft, ohne sich mit ihnen gemein zu machen. Der Blick Baudelaires auf die Stadt ist der »Blick des Entfremdeten«, wie der Kulturkritiker Walter Benjamin schreibt, »dessen Lebensform die kommende trostlose des Großstadtmenschen noch mit einem versöhnlichen Schimmer umspielt«.

Die Hölle, hatte Lord Byron gesagt, sei eine Stadt wie London. Paris, noch längst nicht so groß und bedeutend, wäre demnach eine Art von »Vorhölle« gewesen. Es ist zur Mitte des 19. Jahrhunderts eine hitzige, eine fiebrige Stadt, überall Gewühl, Unruhe, Gedränge. Auf den Straßen wabert die Menge, immer in Bewegung, nirgends rastend. Kein guter Ort für den Flaneur, denn noch gibt es die großen Boulevards mit ihren breiten Bürgersteigen nicht, überall ist man auf den engen Straßen in Gefahr, von Fuhrwerken und Kutschen überfahren zu werden; die Zahl der Verletzten und Toten bei solchen

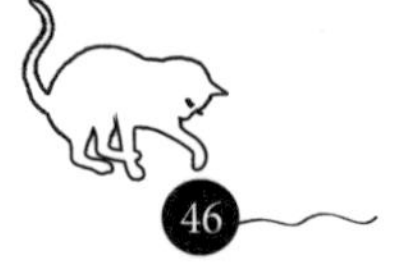

Unfällen geht jedes Jahr in die Tausenden. Die Prellungen und blauen Flecke vom Drängeln der anderen Fußgänger sind dann noch das geringste Übel. Und zudem ist es laut, und es stinkt; die Stadt ist voller Gefahren, größer als im Wald oder in der Prärie, ein Labyrinth nahezu unbewohnbarer, enger, unsauberer, verschachtelter Gassen, voll mit Bettlern und Krüppeln. »Weshalb ziehen sich die Armen keine Handschuhe an, wenn sie betteln?«, fragt sich Baudelaire. »Es brächte ihnen Glück« (wobei das französische Wort *fortune* sowohl »Glück« als auch »Vermögen« bedeutet). Baron Haussmann jedenfalls mag sich schon seine Gedanken für den Umbau der Stadt gemacht haben, aber erst 1863 konnte er mit der Neugestaltung von Paris beginnen.

Vielleicht mag man es so deuten: Baudelaire sucht und findet die sonst so schmerzlich vermisste Ruhe bei den Katzen. Sich mit ihnen zu befassen, ihre Nähe und Wärme zu suchen oder ihnen einfach nur zuzuschauen, lässt ihn ganz bei sich selbst sein. Sie begeistern ihn, sie überwältigen ihn, er findet ein jedes Mal in ihnen »die Ehre ihres Geschlechts, den Stolz meines Herzens und den Duft meines Geistes«, wie er selbst einmal schreibt. »Er betete die Katzen an«, bemerkt Théophile Gautier, ein enger Freund und selbst ein großer Liebhaber der Katzen, »die wie er parfümsüchtig waren und von dem Geruch des Baldrians in eine Art ekstatischer Epilepsie versetzt wurden. Er erforschte ihre zärtlichen und femininen Liebkosungen. Er liebte diese charmanten und stillen Tiere, die geheimnisvoll und sanft, aber von einer elektrisierenden Spannung belebt sind.«

Baudelaire war nahe am fiebrigen Puls der Stadt. Bei der Revolution von 1830 war er noch zu jung, aber 1848 stand er an vorderster Front, zunächst literarisch, dann aber auch ganz handfest auf den Barrikaden. Er war dabei, als der Laden eines Waffenhändlers geplündert wurde, und schrie herum, dass man den General Aupick töten solle – seinen verhassten Stiefvater. Im Februar gelingt zwar noch der Sturz von König Louis-Philippe, aber der zweite Versuch im Juni scheitert

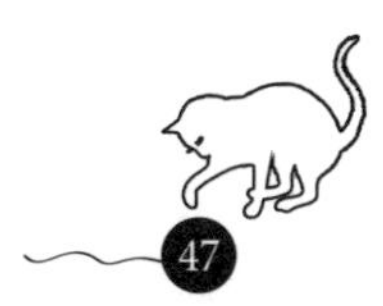

auf der ganzen Linie und bereitet dem späteren Kaiser Napoleon III. den Weg. Für Baudelaire waren die Konsequenzen dramatisch: Zwar hatte er sich wenige Jahre zuvor das ihm zustehende Erbteil seines Vaters ausbezahlen lassen, immerhin 75.000 Franc, aber nun war kaum noch etwas davon übrig. Kein Wunder, wenn man das Geld mit vollen Händen für die Vergnügungen des Lebens ausgibt – Drogen, Alkohol, Frauen, Glücksspiel und das eine und andere mehr. Nicht nur, dass er sich mit Syphilis ansteckte, bald wurde er auch unter die finanzielle Vormundschaft eines Notars gestellt. Von nun an war er ständig auf der Flucht vor seinen Gläubigern, und viel Erfolg hatte Baudelaire mit seinen literarischen Arbeiten auch nicht. Man hat einmal ausgerechnet, dass er in seinem ganzen Leben damit allenfalls 15.000 Franc verdient hatte, während der damals sehr bekannte Eugène Sue eine Million allein für den Roman *Die Geheimnisse von Paris* erhielt. Nein, Baudelaire fristete sein Leben unter prekären Bedingungen: Eine Zeit lang hatte er zwei Wohnungen gleichzeitig, nur um dann doch bei Freunden Unterschlupf zu suchen, wenn am Monatsende die Vermieter ihr Geld haben wollten.

Trotzdem gelang ihm in jenen Jahren das epochale Werk *Les Fleurs du Mal*, das »letzte lyrische Werk, das eine europäische Wirkung getan hat«, wie Walter Benjamin einmal bemerkte. Erstmals erschienen 1857, ist es eine Sammlung von alten und neuen Gedichten, in denen Baudelaire das abstoßende und düstere Leben in der Großstadt beschrieb. Es ist – wenn man so will – eine großartige Abrechnung mit der Moderne aus der Sicht eines der letzten Romantiker, voller Desillusion, Pessimismus und Melancholie. Die Welt erscheint in diesen Gedichten hässlich und krank, im stetigen Kampf zwischen Gut und Böse, wobei Satan zunehmend an Macht gewinnt. »In Dumpfheit, Irrtum, Sünde immer tiefer versinken wir Seele und mit Leib«, begrüßt Baudelaire im ersten Gedicht die Leser, »und Reue, diesen lieben Zeitvertreib, ernähren wir wie Bettler ihr Geziefer«. Nur manchmal, viel zu selten, gibt es Hoffnung, gar nicht einmal auf den Sieg des Guten, aber wenigstens doch auf einen siche-

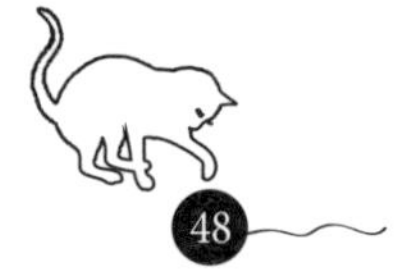

ren Zufluchtsort – die Katze. »Leicht zu erraten, warum die Demokraten keine Katzen mögen«, schreibt Baudelaire in den *Journaux Intimes.* Denn »die Katze ist schön, sie weckt Träume von Luxus, Sauberkeit und Wollust.«

»Komm, schöne Katze komm«, heißt es in einem der Gedichte, »und schmiege dich an mein Herz, halt zurück deine Kralle. Lass den Blick in dein Auge tauchen mich, in dein Aug' von Achat und Metalle«. Und in einem anderen Gedicht: »Verliebte glühend und gelehrte brütend, Verehren wenn des alters reife naht, Die katzen sanft und stark«. Baudelaires Katzen sind »kraftvoll, sanft und reizend«; ihr Klang ist »zärtlich und verstohlen«, es ist die »geheimnisvolle Katze, seraphische Katze, seltsame Katze, in der, gleichwie in einem Engel, alles von Zartheit wie von Harmonie durchwirkt ist«. Sie ist der »Hausgeist«, »vielleicht ist sie eine Fee, ist sie ein Gott«. Man benötigt nicht viel an Interpretation, um darin auch Baudelaires Vorstellung vom Weiblichen zu entdecken. Und tatsächlich weiß man als Leser nicht immer ganz genau, ob von der Katze oder der Frau die Rede ist. 1842 hatte er seine Muse, die Schauspielerin Jeanne Duval getroffen, sie ist – wie man so sagt – eine »Frau von Farbe«, die »Schwarze Venus«. Über sie schreibt Baudelaire: »In schmiegsamem Spiel haucht den feinen, Gefährlichen Duft, wie Schmeichelgruß, Ihr brauner Leib von Kopf zu Fuß.« Man darf sich nicht wundern, wenn diese Zeilen in einem Gedicht erscheinen, das »Die Katze« überschrieben ist. Und dann heißt es dort noch: »So oft dich mein Finger gemächlich streift, deinen Kopf und Rücken zu schmeicheln, und träumende Lust meine Hand ergreift, die magnetischen Glieder zu streicheln«. Wer ist wohl gemeint?

Baudelaire selbst hatte nicht mehr viel vom Leben. Jeanne Duval wurdw sehr krank und muss in einem Hospiz gepflegt werden. Das Geld dafür kommt von Baudelaire, der sich mit der Übersetzung von Edgar Allan Poes Werken so gerade über Wasser halten kann und trotzdem Schulden über Schulden angehäuft hatte. 1864 geht er nach Brüssel, weil er hofft, die Lizenzen für seine Bücher profitabler ver-

kaufen und einige Vorträge über die französische Literatur halten zu können. Das Vorhaben scheitert kläglich: »Bei seinen Vorträgen war er von einem schrecklichen Lampenfieber erfasst«, berichtet ein Zuhörer, »er las ab und stammelte undeutliches Zeug, fröstelnd und mit den Zähnen klappernd, die Nase tief ins Manuskript gesteckt. Es war ein Desaster!« Außerdem erweist sich Brüssel als langweilige Stadt, keine großen Boulevards, keine Passagen, keine Schaufenster, an denen man entlangflanieren kann. Und dann erlitt er auch noch einen Schlaganfall und musste zurück nach Paris gebracht werden. Baudelaire war halbseitig gelähmt und konnte nicht mehr sprechen. Er lebte noch fast ein Jahr und starb schließlich am 31. August 1867; auf dem Cimetière Montparnasse fand er seine letzte Ruhestätte. Und seine Mutter, die ihn gepflegt und schließlich seine Schulden beglichen hat, sagte endlich: »Ich sehe, dass mein Sohn, bei all seinen Fehlern, seinen Platz in der Literatur hat.«

»Tod! Greiser Kapitän! Zeit ist zum Ankerlichten!«, lauten die letzten Verse der *Fleurs du Mal.* »Wir wollen – und verbrennt das Gehirn in Glut und Grauen – tief in des Abgrunds Nacht, ob Höll' ob Eden sinken, ins unbekannte Sein, um Neues zu erschauen!«

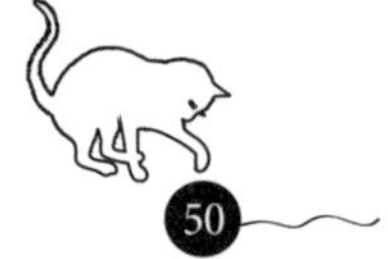

The Chief Mouser to the Cabinet Office

WINSTON CHURCHILL
(1874-1965)

Eigentlich ist über Winston Leonard Spencer-Churchill alles gesagt und geschrieben, nicht zuletzt von ihm selbst. Und zwar so gut, dass er 1953 für sein »historisch-biografisches Werk« den Nobelpreis für Literatur erhielt. Tatsächlich hat er ein beeindruckendes Leben geführt – vom Schulabbrecher zum Offizier, vom Ersten Lord der Admiralität zum Premierminister während des Zweiten Weltkriegs. 1945 wurde er in den ersten Wahlen nach dem Krieg abgewählt, schaffte es jedoch 1951 zurück ins Amt, bevor er 1953 mit fast 80 Jahren nach einem wiederholten Schlaganfall zurücktreten musste. Er blieb zwar noch einige Jahre im Parlament, lebte aber zunehmend zurückgezogen auf seinem Landsitz Chartwell in Kent. Dort ist er dann 1965 mit 90 Jahren verstorben, nach einem langen Leben voller Abenteuer und Herausforderungen.

Aber Winston Churchill führte auch ein Leben, dem der Luxus nicht fremd war – es muss ja etwas Gutes haben, wenn man aus dem höheren Adel stammt. Wann immer er konnte, aß er Austern, Kaviar und Hummer, und bei den Spirituosen bevorzugte er Cognac der Marke Thomas Hine & Co., einer kleinen, aber feinen und alten Destillerie in Jarnac, mitten in der Charente. Seine berühmten Zigarren, nach kubanischer Art, stammten meist von der Manufaktur Davidoff. Man hat einmal ausgerechnet, dass Churchill bei einem täglichen Konsum von 20 Zigarren, insgesamt 250 000 davon während seines langen Lebens geraucht haben muss. Allerdings meist nur zur Hälfte, sodass selbst heute noch immer wieder seine Zigarrenstum-

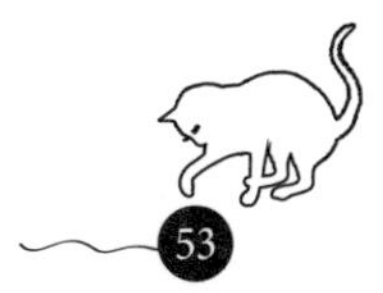

mel bei diversen Auktionen angeboten und zu Höchstpreisen verkauft werden.

Während also über sein Leben als Soldat und Politiker, als Kriegsheld und Schriftsteller vieles bekannt ist, wird nur selten davon berichtet, dass Katzen darin eine bedeutsame Rolle gespielt haben, vor allem zwei – Nelson, während seiner ersten Amtszeit als Premierminister, und Jock in seinen letzten Lebensjahren. Nelson, um mit ihm zu beginnen, gehörte zu den berühmten Chief Mousers to the Cabinet Office, den offiziell bestallten kätzischen Mausefängern der britischen Regierung. Sie sind, wenn man es so ausdrücken will, »Beamte«, gehören also nicht den jeweiligen Amtsträgern, sondern werden auf den Gehaltslisten der Ministerien geführt und bleiben im Amt, wenn die Mitglieder der Regierung wechseln. Manche Quellen datieren die Chief Mousers zurück auf Kardinal Wolsey, der zu Beginn des 16. Jahrhunderts der Lordkanzler Heinrichs VIII. war. Seine Katze soll stets neben ihm gesessen haben, während der Kardinal seinen Regierungsgeschäften nachging. Vermerkt in den offiziellen Listen werden Katzen jedoch erst seit 1929, als laut einem Vermerk des Schatzamtes ein gewisser Betrag »für die Haltung einer effizienten Katze« bereitgestellt wurde. Es war zunächst keine große Summe, nämlich ein Penny pro Tag, der jedoch in den kommenden Jahren deutlich erhöht wurde, und zwar auf einen Schilling und sechs Pence pro Woche im Jahre 1932 und schließlich 1989 auf 100 Pfund pro Jahr. Das entspricht etwa 113 Euro oder 30 Cent pro Tag und ist deutlich wirtschaftlicher, als wenn man für etwa 4.500 Euro jährlich einen Kammerjäger beschäftigen würde, dessen Erfolge bei der Vertilgung von Nagetieren auch kaum größer wären als bei engagierten und gut ausgebildeten Katzen. Ein klassisches ökonomisches Argument, das übrigens auch Margaret Thatcher überzeugt hat, während deren Amtszeit die Chief Mousers Wilberforce und Humphrey ihre Dienste taten.

Humphrey seinerseits, benannt nach Sir Humphrey Appleby, dem Staatssekretär aus der TV-Serie *Yes Minister*, sorgte später für

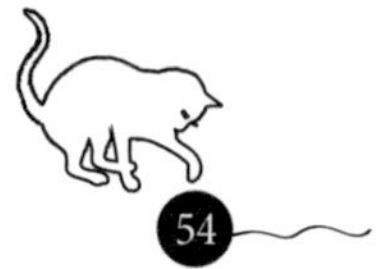

einen gewissen Eklat, als Tony Blair in 10 Downing Street einzog. Man berichtete, dass Blairs Frau Cherie erheblich unter der Gegenwart des Katers litt, sei es infolge einer Allergie, oder der notorischen Unsauberkeit der Katze. Jedenfalls machten sich die Blairs daran, Humphrey entfernen zu lassen, was aber frühzeitig bekannt wurde und einen Aufschrei in der Öffentlichkeit verursachte. Am Ende hatte der Kater gewonnen, und Cherie Blair musste sich mit ihm ablichten lassen, wobei auf dem Foto beiden anzusehen war, dass es ihnen überhaupt kein Vergnügen bereitete. Schon früher hatte sich Humphrey in die Politik eingemischt, als er während des Besuches von Bill Clinton in London fast von der Limousine des Präsidenten überfahren worden wäre. Und der Tod von vier Rotkehlchen wurde ihm auch angelastet, was den damaligen Premierminister John Major dazu zwang, eine Ehrenerklärung für ihn abzugeben: »Es ist ziemlich sicher, dass Humphrey kein Serienkiller ist.« Später stellte sich dann heraus, dass die ganze Angelegenheit von einem Redakteur des *Daily Telegraph* schlichtweg erfunden worden war und zu keinem Zeitpunkt tatsächliche Verdachtsmomente gegen den Chief Mouser vorgelegen hatten.

Dennoch ging Humphrey, ob nun freiwillig oder nicht, Ende 1997 in den Ruhestand, nur sechs Monate nach Blairs Amtsantritt. Von da an war die Stelle des Chief Mouser für ein Jahrzehnt unbesetzt, bis im Jahre 2007 Sybil das Amt antrat. Allerdings auch nur für kaum mehr als zwei Jahre, bevor sie nach kurzer, schwerer Krankheit verstarb. Wieder wurde zunächst kein Nachfolger eingesetzt, bis schließlich Larry im Jahre 2011 die Stelle übernahm. Wie wichtig David Cameron den Kater nahm, zeigt sich daran, dass Larry unmittelbar nach seinem Einzug in 10 Downing Street dem amerikanischen Präsidenten Barack Obama vorgestellt wurde. Nachdem Larry 2012 unter großer Anteilnahme der Öffentlichkeit seine erste Maus erlegt hatte, wurde ihm der offizielle Titel des Chief Mouser to the Cabinet Office verliehen. Allerdings hielt er damit seine Pflichten für erledigt und richtete sein Dasein eher gemütlich aus. Einmal wurde

er schlafend auf dem Stuhl des Premierministers angetroffen, während gerade eine Maus quer durch das Zimmer lief. Versuche, Larry zum Einfangen der Maus zu bewegen, scheiterten jedoch; er öffnete zwar unwillig ein Auge, schlief dann jedoch sofort wieder ein. Dieser Vorfall wiederum veranlasste den Pressesprecher zu der Mitteilung, dass Larry »nach Lösungen für die Mäuseinvasion suche, sich derzeit aber noch im Stadium der taktischen Planung befinde«. Mit Theresa May jedoch, seit 2016 im Amt, sind Larrys Beziehungen zum Premierminister deutlich abgekühlt, was nicht zuletzt daran liegen mag, dass May sich sofort nach ihrer Amtsübernahme als »Hundemensch« geoutet und Larry auch jegliches Spielen mit ihren Schuhen strikt untersagt hatte.

Aber zurück zu Nelson, Churchills Katze. Eines Tages, kurz nach seinem Amtsantritt im Jahre 1940, bemerkt der Premierminister eine Katze und berichtet selbst darüber: »Nelson ist der mutigste Kater, den ich je kennengelernt habe. Als ich ihn zum ersten Mal sah, verjagte er gerade einen riesigen Hund vom Hof der Admiralität. Da beschloss ich, ihn zu mir zu nehmen und ihn nach unserem bedeutendsten Admiral zu nennen« – Horatio Nelson. Sein Einzug in 10 Downing Street war jedoch problematisch, denn immerhin gab es ja noch einen Chief Mouser, den Churchill von seinem Vorgänger, Neville Chamberlain, übernommen hatte. Er selbst hielt weder von seinem Vorgänger noch von dessen Katze sehr viel, die er verächtlich als »The Munich Mouser« bezeichnete, während der eigentliche Name der Katze in Vergessenheit geraten ist. Denn schließlich war es ja Chamberlain gewesen, der mit seiner Politik der Beschwichtigung und dem Abkommen von München wesentlich zum Ausbruch des Zweiten Weltkriegs beigetragen hatte.

Nelson jedenfalls löste das Problem auf seine Weise: Er verjagte kurzerhand seinen Vorgänger aus dem Haus. Churchill war beeindruckt und entwickelte eine besondere Nähe zu diesem Kater. Er war bei vielen Sitzungen des Kabinetts anwesend, Churchill unterhielt

sich eingehend mit ihm, säuberte zwischendurch seine Augen mit einer Serviette, fütterte ihn mit Hammelfleisch und bedauerte, dass er ihm wegen der Kriegssituation keine Sahne anbieten konnte. Und wenn gerade niemand hinschaute, gab es dann noch ein paar Bissen Lachs. Außerdem, so Churchill, sei Nelson ein Vorbild: Er diene ihm als Wärmeflasche und verbrauche dabei nur wenig Energie. Allerdings, so wird auch berichtet, hatte Nelson durchaus seine problematischen Seiten: Im Jahre 1960 soll er sich gerade auf einer Fußmatte entleert haben, als Königin Elisabeth II. das Haus betreten wollte. Wie diese Situation bereinigt wurde, ist leider nicht bekannt.

Churchill liebte sein Leben lang Katzen. Die letzte Liebe seines Lebens war Jock, eine *marmalade cat* mit orangem Fell, einer weißen Brust und weißen Pfoten. Jock war 1964 ein Geschenk seines ehemaligen Privatsekretärs Sir John Colville, der auch Jock genannt wurde. Der Kater war bald Churchills Liebling, und kein Familienessen durfte beginnen, bevor nicht Jock am Tisch, auf seinem eigenen Stuhl, Platz genommen hatte. Man erzählt auch davon, dass Jock auf dem Bett gelegen hat, als Churchill 1965 starb. Jedenfalls hatte Churchill noch auf seinem Sterbebett verfügt, dass man Jock ein behagliches und gemütliches Leben ermöglichen und dass man nach dessen Ableben stets eine Katze aufnehmen solle, die genauso aussehen müsse wie eben Jock. Als der Kater neun Jahre später starb, hielt man sich an diese Verfügung, und seit 2014 lebt inzwischen Jock VI. in Chartwell. Er ist äußerlich das absolute Ebenbild des Originals, und auch ihm sind außerordentliche Ehren zuteilgeworden. Als man für ihn eine Katzenklappe einbaute, holte man vorher eine besondere Genehmigung des Historic Buildings Inspector, also der Behörde für Denkmalschutz, ein. Ansonsten ist er eine durchaus normale Katze: Er liebt Thunfisch, verabscheut helles Licht, hat Höhenangst und mag keine Opern. Ansonsten, so heißt es, sei er *mischievous*, was irgendetwas zwischen »schelmisch« und »bösartig« bedeutet. Das allerdings kann auch etwas damit zu tun haben, dass ihm seine Augen

Probleme bereiten und er Dinge neben oder hinter sich nur schlecht wahrnehmen kann. Aber alles in allem, so betont der National Trust, sei Jock VI. eine »mitfühlende und liebevolle Katze«. Möge er sein Leben in Chartwell lange genießen können.

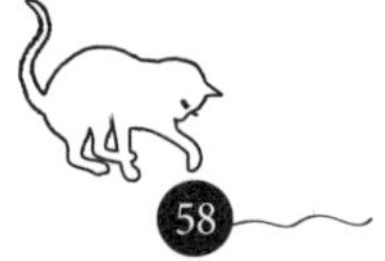

10

La Chatte Amoureuse

SIDONIE-GABRIELLE COLETTE
(1873-1954)

»Enfin! Quelqu'un qui parle français.« Mit diesem Ausruf des Entzückens soll Colette 1935 in New York die Unterhaltung mit einer Katze kommentiert haben, der sie auf dem Bürgersteig in Manhattan begegnet war. Die Szene wundert nicht – es fällt leicht, sich Colette vorzustellen, wie sie sich, der beginnenden Arthritis trotzend, zur Katze herunterkniet, um dann mit ihr minutenlang einen ausgiebigen Maunz-Dialog zu führen, vermutlich mit der höflichen Sie-Anrede, denn Colette siezte grundsätzlich alle ihre Tiere. Der Inhalt jenes Gespräches in New York ist verborgen geblieben. Man kann sich aber denken, dass die Katzenfreundin Colette von ihren eigenen Katzen daheim in Frankreich erzählt hat. Mag aber auch sein, dass sie der verwunderten New Yorker Straßenkatze nur erklärt hat, warum sie unschicklich ohne Strümpfe, aber mit leuchtend rot lackierten Zehennägeln in Sandalen umherlief. Vielleicht hat sie aber auch bloß den Grund für ihren Besuch in der Stadt mitgeteilt: Colette war mit ihrem inzwischen dritten Ehemann Maurice Goudeket auf Hochzeitsreise. Sie war 61 Jahre alt und blickte bereits auf ein turbulentes Leben zurück.

Geboren wurde Sidonie-Gabrielle Colette am 28. Januar 1873 in einem kleinen Dorf in der Bourgogne. Sie war ein »Naturkind«, das nur einen Traum hatte: »auf dem Land zu leben und dort, in der Einsamkeit der Berge, so viele Haustiere um sich zu haben wie möglich«. Colette liebte das Leben auf dem Land, die Gärten und die Tiere –

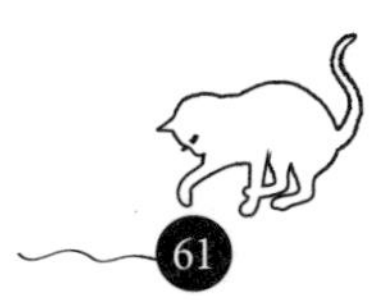

Hunde und vor allem Katzen, die von Kindesbeinen an ihr Leben begleiten. Diese Leidenschaften sind in zahlreichen ihrer Werke spürbar und in vielen Erzählungen über das Leben mit Katzen, aber auch das der Katzen untereinander lebendig geblieben. In der Geschichte über den »Langkater« erzählt sie von Babou, ihrem Kater mit den »sanften gelben Augen« aus Kindertagen mit einer Vorliebe für vegetarische Kost, der »dem Ruf seines Herzens« folgend ein junges Kätzchen aus dem kalten Wasser eines Baches rettet. Statt eines Dankes droht die Katzenmutter, ihn zu erwürgen, ihm die Augen auszukratzen oder die Kehle durchzubeißen. Colette bewundert zwar »die wilde Schönheit, die jedem Katzenweibchen eigen ist, wenn es sich mit einer Gefahr oder einem Gegner misst, die stärker sind als es selbst«, aber doch bedauert sie auch Babou als »armen verkannten Langkater«. Anders Colettes Mutter Sido, die »viel über die Geheimnisse der Seele« wusste, denn sie »ließ sich bestimmt nicht täuschen, weder durch verdächtige Sanftmut noch durch das flackernde gelbe Leuchten, das in den Augen eines Katers aufglimmt, wenn sein Blick auf zartes, wehrloses Fleisch fällt«. Beziehungen zwischen den Geschlechtern sind ein Thema, das einem bei Colette immer wieder begegnet – im wahren Leben ebenso wie in ihren Romanen und Erzählungen.

Ihr erster Ehemann, der 14 Jahre ältere Musikkritiker, Autor und Lebemann Henry Gauthier-Villars, erkannte Colettes Schreibtalent und ermutigte sie, einen Roman zu schreiben – auf der Grundlage ihrer Jugenderinnerungen entstand *Claudine*. Nicht nur, dass Gauthier-Villars den Roman unter seinem Pseudonym Willy veröffentlichte, er sperrte Colette nach dem Erfolg des Erstlingswerkes täglich für mehrere Stunden ein und zwang sie, weitere *Claudine*-Bände zu schreiben, und sicherte sich schließlich auch noch die Veröffentlichungsrechte. Seiner ständigen Untreue überdrüssig, entschloss sich Colette jedoch, Willy zu verlassen – trotz des Skandals, den eine Scheidung zu jener Zeit noch bedeutete. Die Abrechnung mit dieser Ehe, die sie

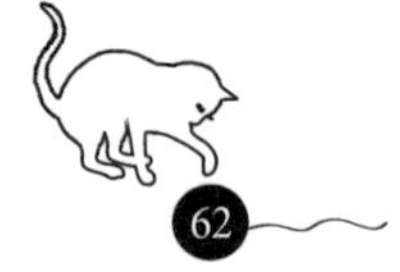

als »die unglücklichste Zeit ihres Lebens« bezeichnete, erfolgte 1910 literarisch mit dem autobiografischen Roman *La Vagabonde*. Die Hauptfigur Renée Néré beschreibt ihren Exgatten darin als »Lügengenie, das der Phantasie Balzacs entsprungen sein könnte«, die Ehe als »sonnigen Garten zwischen soliden Mauern«.

Gezeichnet wird das Bild einer modernen, nach Freiheit und Unabhängigkeit strebenden Renée/Colette, die sich ihren Lebensunterhalt selbst verdient, einer Frau, die dennoch die Einsamkeit fürchtet, aber gleichzeitig überzeugt ist, dass »nur im Schmerz eine Frau imstande [ist], sich über das Mittelmaß zu erheben«. Der Roman gibt aber auch tiefen Einblick in die Welt der Bühnen, Varietés und Salons, in die sich Colette nach der Trennung von Willy geflüchtet hatte. Als Tänzerin und Schauspielerin trat sie in vielen, mitunter sehr freizügigen Rollen auf – und in einem Stück mit dem Titel *La Chatte Amoureuse* auch einmal als Katze in entsprechendem Katzenkostüm. Das neue Leben der Colette brachte noch eine weitere Veränderung mit sich: Sie wandte sich (auch) dem weiblichen Geschlecht zu und ging mit Mathilde »Missy« Marquise de Morny eine Beziehung ein, die allerdings auch nicht von Dauer gewesen ist. Dem Schreiben blieb Colette treu und betrat als Journalistin und Redakteurin auch neues Terrain – als »großes Talent – eine Mischung aus hervorragendem Gespür, kühnen Beobachtungen und respektloser Fantasie« bezeichnete sie der Herausgeber von *Le Matin*. Walter Benjamin bemerkte »ihre großen, energischen Blicke«, die sie »geschickt wie Lichter auf das massive Kristall ihrer Einfälle gleiten« lässt, »und was sie sagt, gewinnt ein ungemeines Leben unter diesen Blicken«.

Durch die Heirat mit dem Journalistenkollegen Henry Baron de Jouvenel wurde – wie es in einer Biografie heißt – aus »Madame Colette Willy, *femme de lettres*, berüchtigte Lesbierin, barbusiger Varieté-Star und gesellschaftlicher Paria« nun eine Baronesse und Mutter einer Tochter – Colette Renée Bel-Gazou – ohne jedoch die Mutterrolle anzunehmen: »Mein Schuss Männlichkeit rettete mich

aus der Gefahr, die dem zum glücklichen und zärtlichen Elternteil gewordenen Schriftsteller droht, ein mittelmäßiger Autor zu werden.« Auch diese Ehe wurde geschieden. Erst in der letzten Ehe mit dem jüngeren Maurice Goudeket lebte sie die »dauerhafteste und heiterste Beziehung ihres Lebens«.

»Ich denke oft, ich würde gern unter anderen Wesen leben als unter den Menschen«, sagt Colette von sich selbst. Kein Zweifel, dass Colette, die der italienische Schriftsteller Gabriele D'Annunzio seine »Schwester im Heiligen Franziskus der Tiere« genannt hatte, damit auch Katzen gemeint haben muss, denn »wenn man sich mit einer Katze einlässt, riskiert man lediglich, bereichert zu werden« – woran sie sicher bei dem einen oder anderen Menschen ihre Zweifel hatte. Sie lebte in ihrer Wohnung im Palais Royal, ihrem »ländlichen Dorf im Herzen von Paris« mit Katzen – und Hunden, die wir aber hier, man möge verzeihen, verschweigen wollen – zusammen und nahm sie auch häufig mit auf Reisen oder führte sie an der Leine im Bois de Boulogne spazieren. Sie hatte eine Vorliebe für Angora- und Karthäuserkatzen, gerne auch prämierte, schreckte aber auch vor einer Wildkatze aus dem Tschad mit Namen Bà-Tou nicht zurück. Colette ist es meisterhaft gelungen, uns auch die wilde Seite von Katzen poetisch nahezubringen:

»Ich bin der Teufel. […] Schwarz – ein Schwarz, versengt von den Feuern der Hölle. Giftgrüne Augen, braun gesprenkelt wie die Blüten des Bilsenkrauts. Hörner aus weißen Borsten, die mir aus den Ohren ragen. Und Krallen, Krallen, Krallen. […] ›Poum!‹, wie aus der Kanone geschossen bin ich da, und niemand weiß, woher ich komme. ›Poum!‹, und ich habe mit einem absichtlich ungeschickten Sprung die chinesische Vase zerbrochen. ›Poum!‹, und ich hänge wie eine schwarze Krake an der weißen Schnauze der Windhündin, die wie eine geprügelte Frau zu schreien beginnt. ›Poum!‹ sitze ich zwischen den aufblühenden zarten Begonienpflänzchen, die nun nicht blühen werden. […] Ich bin der Teufel und will nun unter dem auf-

steigenden Mond zwischen dem blauen Gras und den violetten Rosen meine Teufelsspiele beginnen. Ich verschwöre mich gegen euch mit der Schnecke, dem Igel, der Eule und dem schweren Nachtfalter, der eine Wange verletzen kann, wie ein Kiesel. Und hütet euch heute Nacht, wenn ich zu laut singe, die Nase zum Fenster hinauszustecken: Ihr könntet plötzlich sterben, wenn ihr mich auf dem Dachgiebel seht, pechschwarz inmitten des Mondes!«

Ganz anders die farbenreiche Beschreibung der edelrassigen Perserkatze Schah, die zuerst für einen Kater gehalten wurde: »Sie ist eine vornehme Katze. Eine Haremsprinzessin, die nicht im Geringsten an Flucht denkt. Ein sehr weibliches Geschöpf, kokett, schamhaft und viel mit ihrer Schönheit beschäftigt, die von Tag zu Tag zunimmt. Hat es jemals eine prächtigere Katze gegeben? Am Morgen ist sie schiefergrau, mittags wird sie blau wie die Blüten des Immergrüns, und im Sonnenlicht schimmert sie wie eine Taube violett, perlgrau, silbern und stahlfarben. Abends wird sie zum Schatten, zu Rauch, zur Wolke. Als wäre sie körperlos, schwebt sie dahin und lässt sich wie ein durchsichtiger Schal auf der Lehne des Sessels nieder.[…] Wir nennen sie Scheherazade! Aber die Zeit ist noch nicht erfüllt, noch wirft Schah ihr elektrisch knisterndes seidenes Gewand nicht ab, ebenso wenig ihre reiherartigen Schnurrhaare, ihren bläulichen Schweif eines Eichhörnchens noch ihre Krallen aus glattem Jade.«

Colettes Lebenskatze war eine azurblaue – andere Quellen sprechen von perlgrau – Karthäuserkatze mit dem einfachen Namen La Chatte (dt. »Die Katze«), die 13 Jahre lang ihr Leben teilen und so unvergleichlich prägen sollte, dass ihr Tod ein schmerzhafter Einschnitt im Leben Colettes sein würde. Sie hatte die Katze 1926 auf einer Katzenschau gekauft. »Nachmittags, wenn Colette arbeitete, kam die Katze und schlief, an ihre Seite geschmiegt. Dann und wann wachte sie auf, zupfte Colette am Ärmel, schenkte ihr einen langen Blick voller Verzücktheit und Liebe und schlummerte wieder ein« – so schildert Goudeket die Beziehung zwischen Colette und La Chatte. Literarisch

hat Colette auch ihrer Lieblingskatze ein Denkmal gesetzt in der Novelle *La Chatte – Die Eifersucht*. In der Erzählung geht es um eine Dreiecksbeziehung zwischen dem jungen Paar Alain und Camille und Saha, Alains Karthäuserkatze, mit der ihn »ein besonderes Verständnis verbindet, das er niemals mit jemandem seiner eigenen Spezies haben würde«, auch nicht mit Camille, die in seinen Augen gewöhnlich ist. Bald sieht die Frau in der Katze nur noch die Nebenbuhlerin: »Ich habe euch gesehen!«, schrie sie. »Am Morgen, wenn du die Nacht auf deinem kleinen Diwan verbringst [...] Bevor der Tag anbricht, habe ich euch gesehen, euch beide« – und die Katastrophe nimmt ihren Lauf: »Saha sprang nur auf die Brüstung, wenn die Schritte Camilles auf sie zukamen, und sie sprang nur auf den Boden des Balkons, um dem ausgestreckten Arm auszuweichen, der sie vom neunten Stock hinuntergeworfen hätte. Sie floh mit Methode, sprang sorgfältig, hielt ihre Augen auf die Gegnerin geheftet und ließ sich weder zu Wut noch zu Flehen herab. [...] Camille schien als Erste zu erlahmen und ihre Kraft zum Verbrechen zu verlieren. [...] Saha fühlte die Festigkeit ihrer Feindin wanken, zögerte auf der Brüstung, und Camille stieß sie mit beiden Armen ins Leere.« Die Katze überlebt – und entlarvt später die Täterin. Am Schluss verlässt Alain Camille, das »Ungeheuer«.

1939 muss La Chatte eingeschläfert werden. Nachdem wenige Wochen später auch noch die Bulldogge stirbt, entschließt sich Colette, auf weitere Tiere in ihrem Leben zu verzichten. »Die Katze erwies sich eben als unersetzlich«, schreibt Goudeket. »Manche Tiere haben eine so ausgeprägte Persönlichkeit, dass, wo sie verschwinden, nur mehr Leere herrschen kann.« Die 15 Jahre, die ihr noch verblieben, verbringt Colette ohne die Gesellschaft von Tieren. Im Sommer 1954 starb sie im Alter von 81 Jahren. Als erste Frau in Frankreich erhielt sie ein Staatsbegräbnis.

Die Katzen und der Waldgänger

ERNST JÜNGER
(1895-1998)

Kaum ein deutscher Schriftsteller hat länger gelebt als er; am Ende wurde er fast 103 Jahre alt. Kaum ein deutscher Schriftsteller hat über sein langes Leben hinweg mehr Kontroversen ausgelöst; er war bei den Linken und den Rechten gleichermaßen umstritten. Und kaum ein deutscher Schriftsteller ist gründlicher vergessen worden; sein Werk kennt nur noch eine kleine Schar von Eingeweihten. Ernst Jünger – Soldat, Zoologe, Autor, im Kaiserreich geboren, im wiedervereinigten Deutschland gestorben. Dazwischen hat er alles erlebt, was man in diesem chaotischen, wirren, unverständlichen 20. Jahrhundert erleben konnte. Und ebenso sehr hat Jünger sich mit den Zeiten gewandelt – von der Apologie des Krieges *In Stahlgewittern* (1920) über den klarsichtigen Widerstand gegen Hitler in *Auf den Marmorklippen* (1939) zur Existenzfrage des Menschen in den modernen Zeiten in *Der Waldgang* (1951) und der Hoffnung auf eine friedliche Welt in *Der Weltstaat* (1960). Er war bei der Fremdenlegion gewesen, hatte einen Stoßtrupp im Ersten Weltkrieg kommandiert (und dafür den Orden »Pour le Mérite« erhalten), war Offizier im besetzten Paris gewesen und hatte dort gut mit Champagner und Austern – und natürlich auch Frauen – gelebt, zugleich aber enge Kontakte zum deutschen Widerstand gepflegt und lebte nach Kriegsende zurückgezogen in einem Jagdhaus im oberschwäbischen Wilflingen. Er war dabei, als der Chemiker Alfred Hoffmann mit LSD experimentierte, machte neugierig mit und verarbeitete seine Erfahrungen in der Erzählung *Besuch auf Godenholm* (1952).

Im Alter von hundert Jahren schließlich beendete er das Schreiben, weil er es für genug hielt: »Wenn einer sagt«, sagte er, »der schreibt in so hohem Alter noch Bücher, kann er auch sagen, der geht auf Händen über den Markusplatz. Das ist ein Kuriosum, aber es hat mit Literatur nichts zu tun.« Aber er beschäftigte sich weiterhin intensiv mit seiner berühmten Käfersammlung, mit der er bereits als Kind begonnen hatte. Am Ende hatte er rund 30 000 Käfer gesammelt, was den Entomologen in aller Welt erheblichen Respekt abnötigte. Für Jünger allerdings lag darin mehr als nur wissenschaftliche Neugier, für ihn war es zugleich ein Abenteuer, eine Jagd, eine Reise zu den exotischen Orten. 1967 fasste er seine Erlebnisse im Essay *Subtile Jagden* zusammen, der zugleich die Beschreibung seines eigenen Lebens bildet auf der Suche nach dem Kleinen da unten, als eine Art Kontrapunkt zu den großen historischen Geschehnissen da oben. Man mag sagen, dass darin auch die Erkenntnis lag, dass dem aufrechten Menschen in der heutigen Zeit kaum etwas anderes übrig bleibt, als sich ernsthaft mit jenem Kleinen zu befassen, da er auf das Große ohnehin nur wenig Einfluss nehmen kann. Dass er sich mit dieser Liebe für das Spezielle von der Masse rücksichtslos abgrenzt, dass er auf diese Weise Außenstehenden unverständlich bis suspekt bleiben muss, nimmt Jünger gerne in Kauf. Der »Waldgänger« sucht nicht die Gesellschaft anderer, auch wenn es Gleichgesinnte sind, er sucht nicht nach intersubjektiven Wahrheiten, die er wissenschaftlich durch Messung und Zählung belegen kann, ihm geht es um das liebevolle Betrachten, die *scientia amabilis*, die eigentlich einer ganz anderen, längst vergangenen Zeit angehört.

Für einen solchen Menschen mögen Käfer die angemessenen Objekte der Betrachtung sein, aber als Begleiter durch das Leben ist ein anderes Tier passender – die Katze. Jünger weiß es durchaus zu schätzen: »Die Nähe der Katze«, schreibt er, »ist gut für Menschen von ruhiger, betrachtender Lebensart. Dem musischen Menschen leistet die Katze besser Gesellschaft als der Hund. Sie stört die Ge-

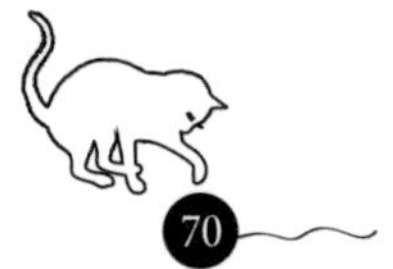

danken, Träume, Phantasien nicht. Sie ist ihnen sogar günstig durch eine sphinxhafte Ausstrahlung – sie ist dämonenfeindlich.« Und so lebt Jünger selbst in enger Gemeinschaft mit den Katzen, auch wenn er sich keine Illusionen über die wechselseitigen Gefühle macht: »Der Katze fehlt die unmittelbare starke Sympathie zur Person, die dem Hund gegeben ist.« Die Katze ist kein Begleiter des Menschen bei der Jagd und anderen Abenteuern, sie lässt sich nicht auf die Symbiose eines engen Zusammenlebens ein. »Die Katze hingegen ist ein Tier nicht des Lager-, sondern des Herdfeuers. Bei ihr schuf nicht die Lebensart des Menschen, sondern sein Wohnsitz die Gemeinschaft; es ist mehr ein Zusammenwohnen, das sie verbindet.« Jünger verwendet dafür den aus der Biologie stammenden Begriff der »Synözie« für das Zusammenleben verschiedener Arten in der gleichen Behausung, ohne dass es den Tieren nützt oder schadet – es ist einfach so.

Natürlich weiß auch Jünger um die besonderen Vorlieben mancher Menschen und Katzen: »Die alten Frauen lieben sie sehr.« Aber das stört ihn nicht weiter: »Es liegt daher in der Natur der Dinge«, stellt er fest, »dass die Katze die Gesellschaft der Einsamen sucht. Sie gehört zur anderen Seite des Menschen – dorthin, wo er behaglich die Muße genießt, wo er Ideen nachhängt, dichtet, phantasiert und träumt.« Der Dichter, Fantast und Träumer ist daher von seinen eigenen Katzen angetan; über eine von ihnen, die Siamkatze Prinzessin Li-Ping, schrieb er in seinen Tagebüchern *Strahlungen II* von 1958: »Das Tierchen ist beigefarben; Kopf, Schwanz und Beine sind wie mit chinesischer Tusche angeraucht. Es steckt grazile Erlesenheit in ihr, fernöstliche Geschmeidigkeit mit Anklängen von Bambus, Seide, Opium.« Jünger liebte seine Katzen, begleitete sie – wie Amanda – von der Geburt bis zum Tod und machte sich tiefe Gedanken darüber, wie er mit ihnen kommunizieren soll: »Ich bemühe mich zu erraten, was es gerade denkt.« Aber schnell wurde ihm die Sinnlosigkeit eines solchen Unterfangens bewusst: »Wozu eigentlich? Wir beiden kennen den Text – was sollen die Übersetzungen? Die Sympathie reicht

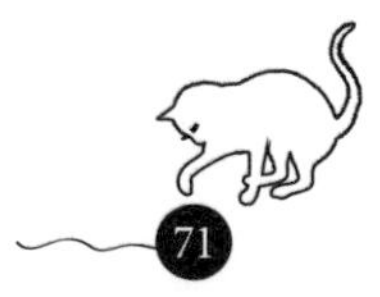

tiefer als jeder Gedanke hinab.« Und nach einigem Überlegen kam er zu dem Entschluss: »Unser Verhältnis ist perfekt. Es dürfte nichts fehlen und nichts (etwa, dass sie sprechen könnten) hinzukommen.«

Doch bei aller Sympathie war Jünger weit davon entfernt, die Katzen »verstehen« zu wollen, auch wenn ihm diese nicht aufhebbare Distanz keineswegs gefiel. Er bemerkte genau die »Abwesenheit« der Katze, selbst dann, wenn sie körperlich anwesend war. Trotzdem war er damit zufrieden, denn: »Auch die Katze hat ihre Launen – dann nimmt sie, wenn ich sie streichle, kaum Notiz von mir.« Aber Jünger kannte die Katzen: »Doch weiß ich ein unfehlbares Mittel, sie zu ermuntern: Ich schmiege den Kopf auf ihr Fell. Sogleich beginnt sie zu schnurren, wie von einem elektrischen Zustrom berührt.« Und auch Jünger genoss es: »Das Behagen überträgt sich auf mich«. Auch ansonsten war er sich bewusst, wie anders als wir die Katzen sind: »Die Katze ist nicht imstande, die Existenzfrage zu stellen, wohl aber besitzt sie Existenz – und damit mehr als Religion.« Und das machte sie ihm durchaus sympathisch, fühlte sich Jünger selbst zwar den großen und ewigen Mythen verpflichtet, aber eben nicht der Religion. Außerdem, so müsste man an dieser Stelle wohl fragen: Wie hätte denn eine solche feline Religion wohl auszusehen? Man kann es sich nicht vorstellen!

Jedenfalls sah Jünger die enge Verbundenheit zwischen Dichter und Katze: »Der Dichter bezeugt die Freiheit in der Dichtung«, schrieb er in *Annäherungen: Drogen und Rausch* (1970), »so wie die Katze sie in ihrem ganzen Wesen bezeugt. Es kann daher nicht wundernehmen, dass beide so oft befreundet sind.« Er wusste um den Charakter der Katze und es gefiel ihm: »Die Katze gehorcht nicht auf Befehl. Sie kommt entweder freiwillig oder nicht. Sie lässt sich nicht zur Zirkusfigur degradieren wie der Hund, der Affe oder das Schwein.« Und Jünger fuhr fort: »Die Katze macht nicht Männchen, sie lässt sich keinen Frack anziehen. Sie lässt sich auch nicht bändigen, das widerspräche der Würde, für die sie Sinn hat und auf die sie hält.« Dass Jünger in diesem Text übergangslos von der Frei-

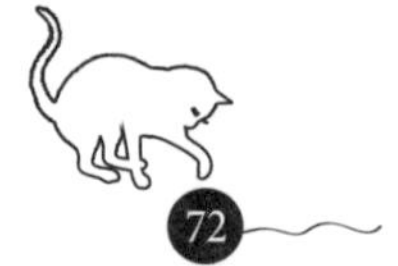

heit der Katze zum Wein und zum Bier überging, sei hier nur am Rande erwähnt. Und auch, dass ihm Baudelaire als Verknüpfung diente: er sei »Freund der Katzen«, habe aber zugleich auch den Wein verehrt, in welchem – so Jünger – eine »höhere Freiheit verborgen« liege. Davon aber mag man halten, was man will.

I Love Your Kisses

FREDDIE MERCURY
(1946–1991)

»Ooh you make me so very happy – you give me kisses. And I go out of my mind – ooh ooh«. Nein, dieser Song ist nicht Mary Austin gewidmet, mit der Freddie Mercury auch nach dem Ende ihrer Beziehung »eine der kostbarsten und reinsten Freundschaften, die es gibt«, verband. In diesem Song geht es um eine gewisse Delilah. Doch wer mag diese geheimnisvolle Delilah gewesen sein, fragt man sich – und wird stutzig, wenn es später heißt: »And then you make me slightly mad, when you pee all over my Chippendale suite«. Auch wenn man um Mercurys Sinn für Exaltiertheit weiß – spätestens an dieser Stelle wird deutlich, dass es sich bei jener Delilah kaum um ein menschliches Wesen handeln kann. »Ich lebe mein Leben in vollen Zügen. Mein Sexualtrieb ist enorm. Ich schlafe mit Männern, Frauen und Katzen« – kein Zweifel, Mercury liebte die Exzentrik, aber er hatte auch Sinn für Humor. Delilah ist tatsächlich eine Katze, eine dreifarbige sogenannte Glückskatze, die seit 1987 in seinem Haus Garden Lodge im Londoner Stadtteil Kensington lebte und schnell die Herrschaft über Wohnung und Garten übernommen hatte. Sie soll auch in Freddies Sterbestunde das Bett mit ihm geteilt haben.

Aber Delilah war nicht die einzige Katze, mit der Mercury zusammenlebte – teilweise lebten über zehn Katzen in seinem Londoner Haus: der weiß getigerte Romeo, die Birmakatze Tiffany, Tom und Jerry, der rote Oscar, die dunkel gescheckte Miko, die graue Dorothy, die weiße Lily und der kleine schwarze Goliath, der zusam-

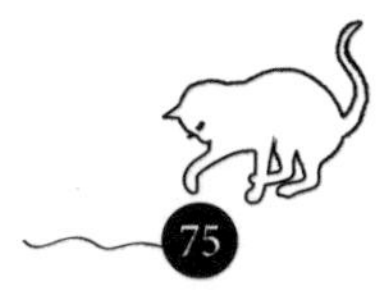

men mit Delilah eingezogen war und nur deshalb Goliath genannt wurde, weil jeder erwartet hatte, dass Mercury ihn Samson nannte. Die meisten von ihnen stammten aus Tierheimen, manche waren das Geschenk von Freunden, so wie Tiffany von Mary Austin und Romeo von Jim Hutton, Mercurys letztem Lebenspartner. Was Katzen anging, kannte Mercurys Zuneigung keine Grenzen: »Ja, ich hätte gerne ein Baby. Aber noch lieber wäre mir eine Katze«, hatte er einmal gesagt, denn »von Natur aus rastlos und nervös tauge ich nicht gerade zum Familienvater«. Katzen als Kinderersatz? Mag sein. Aber Mercury erklärte nicht gerne, welche Gedanken ihm beim Schreiben seiner Songs durch den Kopf gingen, die Interpretation überließ er lieber den Leuten – »andernfalls zerstöre ich die Mystik, die ein Stück erst interessant macht«. Sicher galt diese Haltung auch in Bezug auf sein Selbst: »Wenn ich immer alles über mich erklären würde, würde das nur meine geheimnisvolle Aura zerstören.«

Auf der Bühne gab sich Mercury extravagant, extrovertiert, schrill kostümiert, mal Ballett-Look, mal Leder-Image, Drama pur. »Auf der Bühne bin ich ein großer Macho, ein Sexsymbol und sehr arrogant, […]. Aber in Wahrheit bin ich nicht so. Sie wissen nicht, wie es unter der Oberfläche aussieht.« Und bei anderer Gelegenheit: »Der Großteil dessen, was ich tue, ist, andern etwas vorzumachen. […] Ich glaube, ›The Great Pretender‹ ist ein großartiger Titel für das, was ich tue, weil ich dieser große Schaumschläger wirklich bin!«. Zu Hause war Mercury ein »Jeans- und T-Shirt-Typ«, eher introvertiert und scheu, zurückgezogen lebend, ein Mensch auf der ständigen Suche nach der großen, erfüllenden Liebe, ein Mensch, der auch Einsamkeit verspürte, mit dem Wunsch, als »normales menschliches Wesen« wie während seiner Zeit in München behandelt zu werden, nicht in dessen Ruhm und Popularität man sich verliebt, sondern in dessen wahres Ich. Das sollte man auch in seiner Musik spüren: »Wenn man sie alle in dieselbe Schublade stecken würde, dann würden alle meine Songs in die Kategorie ›Gefühle‹ fallen. Es dreht

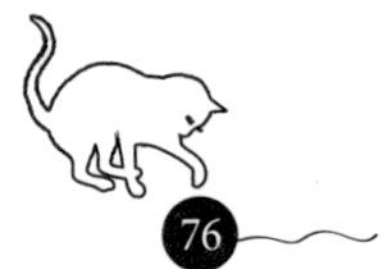

sich alles um Liebe und Gefühle. […] Die meisten Songs, die ich schreibe, sind Liebesballaden der Sachen, die mit Traurigkeit, Leiden und Schmerz zu tun haben, gleichzeitig sind sie aber auch ein wenig frivol und nicht ganz bierernst gemeint. […] Ich bin eben ein echter Romantiker, wie Rudolph Valentino.« Das Alleinsein mochte Mercury nicht: »Die Menschen sind das Wichtigste, aber ich muss mich auch mit irgendetwas umgeben […]. Deshalb will ich auch viele Fische und Katzen haben. Ich vermute, das ist eine schüchterne Lebenseinstellung.«

Musik bestimmte das Leben von Freddie Mercury, und Katzen waren ein Teil davon. Kein Wunder also, dass sie, wie Delilah, immer wieder in seinen Songs auftauchen. »To my cat Jerry – also Tom, Oscar and Tiffany, and all the cat lovers across the universe« – ihnen hat Mercury sein 1985 erschienenes Soloalbum *Mr. Bad Guy* gewidmet, wobei er nicht vergisst hinzuzufügen: »screw everybody else«. Nun, Mercury besaß eben eine »weiche und eine harte Seite, dazwischen gibt es nicht viel«. Die Liebe zu seinen Katzen nahm zuweilen seltsame Formen an: Wenn er mit Queen auf Tournee ging, rief er regelmäßig in London an und ließ sich mit seinen Katzen verbinden, um mit ihnen zu sprechen. Ob daraus Delilahs Vorliebe für klingelnde Telefone entstanden ist (im Lied heißt es dazu: »you even try to answer my telephone«)? Natürlich wurden die Katzen auch ansonsten auf das Beste verpflegt: Sie bekamen jeden Tag frisches Huhn und Fisch, und zu Weihnachten erhielt eine jede von ihnen – getreu der englischen Sitte – einen eigenen Strumpf mit Geschenken. Dass sie überall im Haus ihre eindeutigen Markierungen hinterließen, störte Mercury offenbar kaum, wenn man einmal von dem Chippendale-Schrank absah. Fotos von den Katzen – mit oder ohne Mercury – wurden immer wieder in der offiziellen Fanzeitschrift von Queen veröffentlicht, und so blieb Mercurys Leidenschaft auch seinen Fans nicht verborgen. Und es dauerte auch nicht lange, bis sich im Büro der Band Mengen von Katzenspielzeug stapelten.

Freddie Mercury, geboren 1946 in Sansibar, war 1964 mit seinen Eltern nach England gekommen. Er hatte Grafikdesign studiert und 1970 nach einigen musikalischen Erfahrungen in anderen Bands zusammen mit Brian May und Roger Taylor Queen gegründet. Mercury hat sich selbst »nie als Bandleader von Queen betrachtet – höchstens als die wichtigste Person«. Denn: »Ein gewisses Maß an Arroganz und Egozentrik braucht man aber schon dazu.« Die Band war von Anfang an recht erfolgreich, doch es dauerte noch fünf Jahre, bis sie 1975 mit »Bohemian Rhapsody« erstmals auf dem ersten Platz der Hitparaden landen konnte. Mercury bezeichnete das Stück als eine »Ära«, als den »Moment, in dem der Vulkan wirklich ausbrach, und plötzlich knallte es!«. Dieses Stück – mit fast sechs Minuten Dauer außergewöhnlich lang –, das aus drei zusammengefügten Einzelstücken besteht, hat eine für Popmusik bemerkenswert komplexe Struktur, in seiner stilistischen Vielfalt eben einer »Rhapsodie« nachempfunden. Bis heute ist es eines der bekanntesten Stücke der Popmusik geblieben – mit unzähligen Coverversionen von Rap bis Polka. Bis 1991 veröffentlichte Queen insgesamt 14 Alben. »Delilah« erschien 1991 auf dem Album *Innuendo*, dem letzten, das die Gruppe Queen noch gemeinsam produziert hat. In diesem Jahr entstand auch das letzte Musikvideo zu dem Titel »These Are the Days of Our Lives«. Mercury trägt in diesem Video eine Weste mit den Porträts seiner Katzen: eine Hommage an diejenigen Wesen, zu denen er ganz offensichtlich tiefste Zuneigung empfunden hat.

Erst in jenem Jahre 1991 – genauer: am 23. November – machte Freddie Mercury seine AIDS-Erkrankung öffentlich, um »meinen Freunden und Fans auf der ganzen Welt die Wahrheit zu sagen, und ich hoffe, dass jeder meinen Ärzten und all jenen weltweit im Kampf gegen diese schreckliche Krankheit beisteht«. Als die Krankheit bekannt geworden war, hatte er gebetet, »dass ich niemals AIDS bekomme«, und in der Furcht, sich anzustecken, konsequent sein Leben geändert – Geborgenheit und Erotik statt Sex. Das Gebet ist ungehört geblieben – am 24. November, einen Tag nach seinem öffentlichen Bekenntnis,

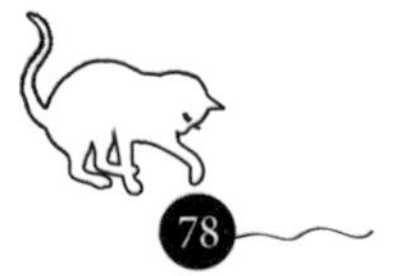

verstarb Mercury. Dass der Titel der letzten gemeinsamen Produktion – auf deutsch: »Anspielung«, »Andeutung« – schon auf Mercurys Krankheit hinweisen sollte, mag tatsächlich so sein, zumal einige der Titel wie »The Show Must Go on« oder eben jenes »These Are the Days of Our Lives« sich im Nachhinein wie ein vorzeitiger Abgesang ausnehmen. Aber was sagte Freddie Mercury noch in Bezug auf Interpretationen? Ach ja, wir sollen »unsere eigene basteln«. Sein Gebet mag nicht erhört worden sein, ein anderer Wunsch dagegen schon: »Ich würde gerne gehen, solange ich noch ganz oben bin.«

Das Interesse und die Verehrung endeten nicht mit Mercurys Tod. Knapp vier Jahre danach erschien das Album *Made in Heaven* mit Stücken, die Mercury bis zum Frühjahr im Jahr seines Todes aufgenommen hatte. »I'm a man of the world and they say I am strong, but my heart is heavy and my hope is gone«, heißt es in dem Lied »Mother Love«, und hier bedarf es keiner Interpretation. Auch seine Liebe zu Katzen hat seinen Tod überdauert. Noch heute existiert ein Freddie Mercury's Cats Fan Club, der sich liebevoll dem Angedenken an die Katzen widmet. Und Mercurys Assistent Peter Freestone hält in seinen Vorträgen, von denen einige im Internet zu sehen sind, die Erinnerung an die Katzen wach – allen voran Delilah. Wie er erzählt, lebte sie noch lange weiter in Mercurys Haus in London, wo sie von Mary Austin versorgt wurde. Man will sie oft und unermüdlich durch den Garten haben stromern sehen – auf der Suche nach Freddie, sagt man. »Wenn ich als Erster gehe, werde ich alles ihr hinterlassen. Niemand anderes erhält einen Penny – außer den Katzen. Sie verdienen es.« Und so kam es dann schließlich auch. In den Tagen und Wochen seines Sterbens hatten nur ganz wenige Freunde und Mary Austin Zugang zu ihm – und eben seine Katzen. Von denen man übrigens erzählt, dass sie schon sehr früh, vielleicht sogar eher als er selbst, seine Krankheit geahnt hätten. Jedenfalls – so geht die Legende – hätten sie sich seitdem noch enger an ihn geschmiegt und noch mehr Zeit mit ihm verbracht.

Cocteau gehört mir

JEAN COCTEAU
(1889–1963)

Jean Cocteau – ein Mensch mit unendlich vielen Talenten: Er schrieb Gedichte, Romane, Theaterstücke; er drehte Filme, zeichnete, malte. Und er war stets in jeder Hinsicht elegant, er trug edle Krawatten, Westen, Wildlederschuhe. Man bewunderte das »Ballett seiner Hände« und zugleich seine »kindliche Seele«. Er suchte und fand die Nähe zu Mythen, Märchen und Sagen, und es gelang ihm, sie in der Moderne des 20. Jahrhunderts mit einer neuen Bedeutung aufzuladen. »Seine Neugier«, schrieb Colette 1957 über ihn, »sein Einfluss erstrecken sich auf alle Formen der Kunst und erweitern sie.« Er hatte viele Facetten – für manche seiner Zeitgenossen zu viele Facetten, für manche wurden diese aber auch eine stete Quelle für die eigene Inspiration. Er bewegte sich wie selbstverständlich in jenem dichten Netzwerk von Künstlern und Intellektuellen im Paris der Jahre zwischen den beiden Weltkriegen – für viele war er sogar der eigentliche Mittelpunkt, ihr Maître de Plaisir. Heraus kamen beeindruckende Projekte der Zusammenarbeit: Für das Ballett *Parade* schrieb er 1917 das Libretto, Pablo Picasso entwarf das Bühnenbild, Erik Satie komponierte die Musik, Coco Chanel entwarf die Kostüme, und die Tänzer waren Mitglieder der berühmten Kompanie Ballets Russes von Sergei Djagilew.

Mit jener Sidonie-Gabrielle Colette verband Cocteau eine besonders enge Freundschaft. Während der 1940er-Jahre waren sie Nachbarn im Palais Royal in Paris. Es heißt, dass Cocteaus enge Beziehung zu den Katzen aus dieser Nähe entstanden sei. Vielleicht hat

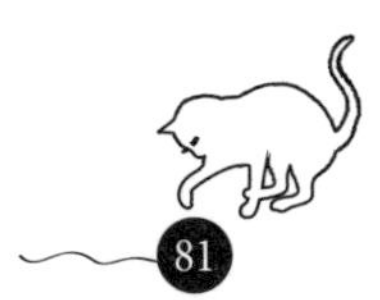

gerade diese gemeinsame Zuneigung zu den Katzen die Beziehung zwischen Colette und Cocteau besonders intensiv werden lassen. Als sie 1954 starb, schrieb er in *Adieu à Colette*: »Natürlich ist mein Palais Royal ohne sie nicht mehr mein Palais Royal. Aber es wäre purer Egoismus, mich darüber zu beschweren.« Und er fügt hinzu: »Sie hat ihren Körper wie eine Katze verlassen. Und wie eine Katze wird sie mich besuchen, ohne die Tür zu öffnen.« Und ein jeder, der selbst mit Katzen zusammenlebt, weiß, wovon Cocteau hier schreibt.

Geboren wurde Jean Cocteau in einer gutbürgerlichen Familie, deren Idylle jedoch durch den frühen Suizid des Vaters zerstört wurde. Cocteau war da gerade einmal zehn Jahre alt. Über die Motive der Tat wurde später viel spekuliert, auch von Cocteau selbst. Er entwickelte früh ein Talent für das Schreiben und veröffentlichte mit 17 Jahren seine ersten Gedichte und mit 24 seinen ersten Roman *Le Potomak*. Nachdem er das Libretto für das Ballett *Parade* verfasst hatte, wurde er in Frankreich zu einem bekannten, wenn auch umstrittenen Künstler. Romane, Theaterstücke, Gedichte, Regiearbeiten beim Film folgten. 1937 traf er während der Proben für das Drama *Oedipus Rex* auf den Schauspieler Jean Marais, mit dem ihn eine lange Freundschaft und Liebe verbinden wird. Gemeinsam mit ihm entstand 1945 der berühmte Film *La Belle et la Bête*, der als einer der ersten Fantasyfilme gilt. In den Jahren danach widmet er sich zunächst weiter dem Kino, kehrt dann aber zum Theater und zu den Romanen zurück. 1957 vollendet er schließlich die Malereien in der Kapelle St. Pierre in Villefranche-sur-Mer.

Viele Jahre lang ist Cocteau abhängig von Opium; immer wiederkehrende Versuche schon seit den 1930er-Jahren, sich von dieser Abhängigkeit zu lösen, scheitern. Bereits 1954 erleidet er einen ersten Herzinfarkt, die Genesung dauert lang, und die Medikamente setzten ihm und seiner Schaffenskraft sehr zu. »Man muss sich sehr lieben«, schrieb er, »um eine lange Genesung zu ertragen. Sich sagen zu können, ›bald ist es wieder gut‹, ist wunderbar. Aber leider trifft das auf

mich nicht zu.« Trotzdem nahm er die Arbeit wieder auf und begann 1959 mit seinem letzten Film, *Le Testament d'Orphée*, wieder mit Jean Marais, aber auch seinem letzten Liebhaber, Édouard Dermit. Im Sommer 1963 schließlich ereilte ihn ein weiterer Herzinfarkt, von dem er sich nun nicht mehr erholen wird. Am 22. Oktober 1963 stirbt Cocteau, einen Tag nach Edith Piaf – auch mit ihr hatte ihn eine enge Freundschaft verbunden. Das Resümee seines Lebens fällt lakonisch aus: »Für jemand, den man wie mich des Dilettantismus bezichtigt, habe ich viel gearbeitet.«

Für seine Arbeit aber ist er geehrt worden: Nach Colettes Tod nimmt Cocteau 1954 ihren Platz in der Académie royale de langue et de littérature françaises de Belgique ein, und ein Jahr später wird er Mitglied der Académie française. Er ist damit im Olymp der französischen Kultur angelangt und gilt von nun an als *immortel*, als »Unsterblicher«, dessen geistige Autorität und Bedeutung Geltung im ganzen Land hat. Die Zahl der Mitglieder ist im Übrigen auf 40 begrenzt, und neue Mitglieder werden nur aufgenommen, wenn eines der bisherigen verstorben ist. Selbst wenn ein Mitglied den Rücktritt erklärt, wird sein Sitz erst nach seinem Tod erneut vergeben. Cocteau befand sich also in einer durchaus illustren Gesellschaft, doch er selbst hält sein Amt als Präsident des Club des Amis des Chats für wichtiger.

Immerhin hatte er sein Leben lang nicht nur erfreuliche Begegnungen mit der französischen Kultur und ihren Repräsentanten gemacht. Ihm war nicht zuletzt übel genommen worden, dass er während der deutschen Besatzung sein kulturelles Schaffen nicht aus Protest eingestellt hatte, sondern durchaus Kontakte pflegte, etwa zu Ernst Jünger, der in Cocteaus Lesung von *Renaud et Armide* eine »Zauberverknüpfung« erlebte; andererseits schätzte Cocteau nach der Lektüre der französischen Ausgabe von *Auf den Marmorklippen* Jüngers »unabhängigen Geist«. Oder mit dem Bildhauer Arno Breker, dem Cocteau und Jean Marais Modell für Porträtbüsten saßen und

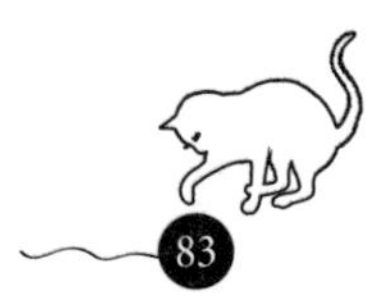

für den er 1942 anlässlich einer Retrospektive in Paris eigens ein Gedicht verfasste. Vor allem aber lösten seine Werke selbst veritable Skandale aus: Oft genug beschuldigte man ihn der Blasphemie und der Unsittlichkeit. Aber – wie Colette 1934 dazu geschrieben hatte: »Im Besitz eines einzigartigen Privilegs, hat Jean Cocteau das bewahrt, was wir alle verloren haben: die erotische Erfindungsgabe. Er kennt weder verbotene Bereiche noch Irrwege noch verwischte Aufbrüche. Der Feuerschein, der wie ein vielversprechendes Bild plötzlicher Liebe die Wunder der Jugend säumte, ist für Cocteau noch nicht erloschen.«

Jener Club des Amis des Chats, für den er auch das berühmt gewordene Emblem schuf, war eine lockere Vereinigung von Katzenliebhabern. Wer genau zu den Mitgliedern gehörte, welche Pflichten man zu erfüllen hatte und welche Rechte man genoss, wo und wann man sich traf – all dies ist leider nicht überliefert. Es gibt keine Unterlagen, keine Dokumente und auch nur wenige Bilder. Auf einem davon ist Cocteau im Jahre 1950 in Begleitung einer Perserkatze und des franko-japanischen Malers Tsuguharu-Léonard Foujita zu sehen, in dessen Werken wiederum unzählige Katzen abgebildet sind.

Wie nicht anders zu erwarten, bevorzugte der elegante Cocteau die ebenso eleganten Siamkatzen, oft mehrere zur gleichen Zeit. Eine besondere Beziehung verband ihn mit Haroun, auf dessen Halsband geschrieben stand: »Cocteau gehört mir«. Und Haroun war es offenbar auch, der Cocteau zu dem Satz veranlasste: »Ich liebe Katzen, weil ich mein Zuhause genieße und sie mir im Laufe der Zeit dessen sichtbare Seele werden.« Und weiter: »ein Miau liebkost das Herz«. Vor allem aber bewunderte er – selbst ein Mensch, der für seine eigene Freiheit lebte – eben jene natürliche Freiheit der Katzen, die ihren eigenen Willen durchsetzen, wann immer es geht, die sich nie und nirgends durch den Menschen vereinnahmen lassen. »Die Überlegenheit der Katze über den Hund«, schreibt er, »zeigt sich darin, dass es keine Polizeikatzen gibt.«

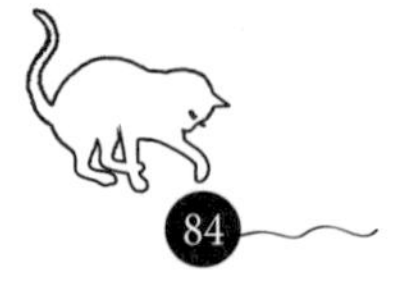

Die Katzen im roten Kreis

JEAN-PIERRE MELVILLE
(1917–1973)

1923, da ist Jean Pierre Grumbach gerade einmal sechs Jahre alt, schenken ihm seine Eltern eine Pathé Baby, eine der ersten Filmkameras für Amateure, die gerade eben auf den Markt gekommen war. Und sofort begann Jean-Pierre damit, in der Familie kleine Filme zu drehen. Über seinen Berufswunsch gab es von nun an keine Zweifel mehr – er wollte auf die eine oder andere Weise zum Film. Aber das musste zunächst einmal warten: Er machte eine kaufmännische Ausbildung, wurde 1937 zum Militärdienst eingezogen, kämpfte gegen die deutsche Armee und schaffte es so gerade noch, aus Dünkirchen nach England gerettet zu werden. Dort schloß er sich der Forces Francaises libres an und wechselte gleich auch seinen Namen: Aus Grumbach wird Melville, bewusst gewählt als Hommage an den amerikanischen Autor Herman Melville und dessen *Moby Dick.* 1944 war er dann dabei, als die alliierten Truppen an der südfranzösischen Mittelmeerküste landeten. Später hatte er seine eigenen Erfahrungen bei der Résistance im Film *L'Armée des Ombres* (1969) verarbeitet.

Sein eigentliches Ziel, Filme zu machen, hatte er während des Krieges nicht aufgegeben, allerdings verweigerten ihm die Behörden eine entsprechende Arbeitserlaubnis. Und so kam er während der Schlacht um den Monte Cassino auf die Idee, Filme auf eigene Faust zu drehen. Auf dem Schwarzmarkt kaufte er Filmmaterial auf, leider nur in ziemlich schlechter Qualität, was ihn aber nicht daran hinderte, 1947 seinen ersten Film zu produzieren: *Le Silence de la Mer.* Bald darauf, 1950, verfilmte er Cocteaus *Les Enfants Terribles*, ein

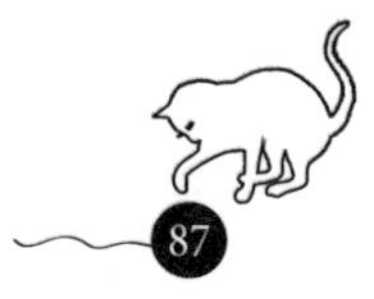

nicht ganz einfaches Sujet, in dem Erotik, Inzest und Suizid gewichtige Rollen spielen. Sein Durchbruch bei Publikum und Kritik gelang ihm allerdings erst 1956 mit *Bob le Flambeur*, seinem ersten Gangsterfilm. Und dieses Genre sollte von da an im Zentrum seines Schaffens stehen. Hier wie auch in allen anderen Filmen ging es Melville nicht um Moral oder Gerechtigkeit, sondern um die Themen Freundschaft und Vertrauen auf der einen und Einsamkeit und Verrat auf der anderen Seite. Am Ende allerdings scheitern Melvilles Helden, ihre Pläne gehen schief, und sie sterben. Ihre Vergangenheit, ihre Motive, ihre Psychologie interessierten ihn kaum; »Melville hat eine Art der Beobachtung, und nicht des Teilens, der Verwirrung seiner Charaktere«, schrieb der Filmkritiker Raymond Durgnat schon 1963. »Es scheint ihn nicht zu interessieren, was sie tun, vorausgesetzt es passt zu ihnen. Er ist nicht lieblos, er ist wie eine Katze.«

Inzwischen hatte Melville in Paris seine eigenen Studios eingerichtet, die Studios Jenner im 13. Arrondissement in einer alten, aufgegebenen Fabrikanlage. Dort lebte er auch in einem kleinen Apartment und bereitete nachts die Arbeit vor, die am nächsten Tag erledigt werden sollte. Dort drehte er sechs weitere Filme, darunter als letzten auch *Le Samouraï* (dt. *Der eiskalte Engel*) mit Alain Delon als Profikiller Jef Costello, der zwischen die Fronten zwischen seinen Auftraggebern und der Polizei gerät. Der Film war fast fertig, als am 29. Juni 1967 ein Feuer in den Gebäuden ausbrach. Melville selbst wird später Brandstiftung vermuten, aber dieser Vorwurf ist weder bewiesen noch entkräftet worden. Jedenfalls brannten die Gebäude in erheblicher Geschwindigkeit ab und vernichteten nahezu alles, was Melville in den Jahren zuvor aufgebaut hatte. Darunter waren 22 Entwürfe für Drehbücher. Auch der Dompfaff, den Jef Costello beinahe während des ganzen Films mit sich geführt hatte. Zwar versuchte Melville noch zu retten, was zu retten war, aber schließlich musste er doch nach Yvelines umziehen, einer kleinen Gemeinde im Westen von Paris.

Melville selbst konnte sich nur mit Mühe und Not aus den Flammen retten. François de Lamothe, ebenfalls ein Regisseur und Freund Melvilles, war zufällig in der Nähe und beschrieb, was er sah: »Ich entdecke das Studio, verwüstet durch das Feuer, von oben bis unten zerstört. Melville, immer noch im Pyjama, völlig durchnässt von den Feuerspritzen, läuft verstört inmitten der rauchenden Trümmer umher. Er drückt in seinen Armen seine Katze Griffaulait an sich, das Einzige, das er aus der Katastrophe hatte retten können. Ich vergesse nie das Bild eines geschlagenen Mannes, der sich an seinem kleinen struppigen Tier festklammert, der ansonsten immer eine strenge, imposante Eleganz ausgestrahlt hatte. In wenigen Minuten waren Tage und Nächte der Arbeit zu nichts geworden. Alles war kaputt, mehr als nur der Film.«

Es dauert allerdings nicht lange, bis Melville wieder zu sich kommt, der Wochenschau erste Interviews gibt und sich bald danach an die Arbeit macht, um *Le Samouraï* fertigzustellen. Lamothe stellt ihm seine eigenen Studios zur Verfügung, und Melville, ansonsten cholerisch und unversöhnlich und nie verlegen darum, seinen eigenen Konkurrenten zu schaden, Melville, der zudem die Reputation hatte, sich mit allen anzulegen, nutzt gleichwohl diese Chance. Innerhalb von nur zwei Wochen werden die neuen Bühnenbilder fertiggestellt, und am 5. August sind die Aufnahmen abgeschlossen. Tatsächlich kommt der Film noch im gleichen Jahr in die Kinos und wird ein großer Publikumserfolg. Finanziell allerdings hat Melville noch lange mit den Folgen des Brandes zu kämpfen.

Für Griffaulait und seine anderen Katzen Fiorello und Aufrêne hält Melville jedoch noch eine Überraschung bereit. In seinem bekanntesten und erfolgreichsten Film *Le Cercle Rouge* (dt. *Vier im roten Kreis*) erweist er ihnen eine besondere Referenz. Kommissar Mattei, auf der Jagd nach dem flüchtigen Verbrecher Vogel, der ihm kurz zuvor im Nachtzug von Marseille nach Paris entkommen ist, kehrt spät nachts nach drei Tagen Abwesenheit in seine Wohnung zurück.

Mattei ist frustriert, waren doch alle Bemühungen erfolglos; außerdem ist er ins Visier der internen Ermittlungen geraten und vom Leiter der Behörde zutiefst gedemütigt worden. Mattei also betritt seine dunkle Wohnung und das Einzige, was wir hören, ist das laute Miauen von Katzen. Als Mattei das Licht einschaltet, sehen wir zwei Perserkatzen, die durch die Wohnung streifen, und eine Siamkatze, die ziemlich entspannt auf einem Sessel liegt. Mattei entschuldigt sich bei den Katzen, dass er sie so lange allein gelassen hat, und geht als Erstes ins Badezimmer, um Wasser in die Wanne laufen zu lassen. Dann erst macht er sich auf in die Küche, um das Katzenfutter aus dem Kühlschrank zu holen.

Aber offenbar sind die Katzen gar nicht so hungrig: nur eine der Perserkatzen folgt Mattei auf dem Fuße, die andere erst einige Augenblicke später. Die Siamkatze hingegen, also Griffaulait, bleibt auf dem Sessel liegen, als gehe sie das alles überhaupt nichts an. Mattei muss sie mit einiger Mühe hochheben und sie in der kleinen Küche wieder absetzen. Wenn Melville kein unbedingt einfacher Charakter gewesen sein mag, dann sicherlich auch nicht die Katze Griffaulait. Auch wenn ihr Name – *griffe* für »Kralle« und *lait* für »Milch« – bestimmte Vorlieben vermuten lässt, so ist ihr doch eine gewisse Würde zu eigen, die es ihr unter allen Umständen verbietet, sich allzu schnell dem Essen zu nähern – man will ja nicht als gierig erscheinen. Später im Film wiederholt sich diese Szene noch einmal, wobei Mattei den gleichen Routinen folgt und auch dieses Mal die eher unwillige Siamkatze vom Sessel in die Küche befördern muss.

Le Cercle Rouge wird Melvilles größter Erfolg beim Publikum: Rund 4,5 Millionen Besucher sehen ihn allein in Frankreich im Kino. Das ruft zwar heftige Kritik einiger Cineasten hervor, die darin nur einen weiteren Schritt der Kommerzialisierung Melvilles sehen wollen, aber ihm ist das ziemlich egal, will er doch mit seinen Filmen das Publikum unterhalten. Außerdem halten die meisten Kritiker diesen Film für Melvilles reifstes Werk, für die Erneuerung des Film noir. Jedenfalls steht dieser Film für die enorme Bedeutung, die Melville

über seinen Tod hinaus zukommt. Immerhin hat Volker Schlöndorff eine Zeit lang als Regieassistent bei ihm gearbeitet, und auch Quentin Tarantino oder Martin Scorsese geben freimütig zu, welchen Einfluss Melville auf sie gehabt hat. Am 2. August 1973, nachdem er im Jahr zuvor seinen letzten Film *Un Flic*, ebenfalls mit Alain Delon, beendet hatte, stirbt Jean-Pierre Melville während eines Abendessens mit dem Journalisten und Regisseur Philippe Labro an einem Schlaganfall. Er wurde 55 Jahre alt.

Y OF WESTERN MAN

A Cat's Pajamas

RAY BRADBURY
(1920–2012)

»Sie war ein warmer, rundlicher, samtig-schwarzer Ball mit Schnurrhaaren, über denen zwei große gelbe Augen glommen und zwischen denen eine winzige rosa Zunge herausragte« – so die Beschreibung der kleinen Katze Elektra in der Erzählung *Der Katzenpyjama* (*The Cat's Pajamas*). In der Kurzgeschichte bringt eine kleine Katze einen Mann und eine Frau zusammen, die beide Anspruch auf das Fundtier im Straßengraben erheben, um den Verlust ihrer eigenen Katze zu überwinden. Eine Nacht lang versuchen sie, ihre jeweiligen Besitzansprüche zu begründen, bis sich der Mann geschlagen gibt – weil die Frau ihrer verstorbenen Katze einen Katzenpyjama genäht hatte. Bradbury spielt in dieser Kurzgeschichte ebenso fantasievoll wie romantisch mit dem im englischsprachigen Sprachraum bekannten Ausdruck *cat's pajamas* für etwas Großes, Wunderbares, Einzigartiges. Die kleine Geschichte gab einem 2004 erschienenen Erzählband den Namen, den Bradbury seiner ein Jahr zuvor gestorbenen Frau Marguerite gewidmet hatte: »Für Maggie – Auf immer und ewig der Katzenpyjama«.

Bekannt geworden ist der Schriftsteller und Drehbuchautor Ray Douglas Bradbury 1950 durch seine *Mars-Chroniken*, den Roman über die zwischen 1999 bis 2026 in mehreren Episoden stattfindende Erkundung und spätere Kolonisierung des Planeten Mars, der schließlich Überlebenden eines Atomkriegs auf der Erde Zuflucht bietet. Sollte es eines guten Tages Leben auf dem Mars geben, können

auch die Marsbewohner Bradburys Chroniken lesen – eine digitale Ausgabe wurde 2008 zusammen mit anderen wissenschaftlichen und künstlerischen Werken über den Mars im Rahmen der Mission der Marssonde Phoenix auf dem Planeten hinterlassen. Mit der Namensgebung »Bradbury Landing« für die Landestelle des Mars Science Laboratory hat die NASA Bradbury geehrt; seinen Wunsch, als erster Mensch auf dem Mars beigesetzt zu werden, konnte sie ihm nicht erfüllen.

Der 2007 für sein Gesamtwerk mit dem Pulitzer-Preis ausgezeichnete Bradbury ist vor allem als Schriftsteller von Science-Fiction und Fantastischer Literatur bekannt geworden. Daneben hat er sich aber auch als Drehbuchautor einen Namen gemacht, unter anderem für *Gefahr aus dem Weltall* (1953), für John Houstons Film *Moby Dick* (1956) oder Bradburys eigenen, von François Truffaut 1966 verfilmten Roman *Fahrenheit 451*. Dieser Roman gilt als eines der wichtigsten dystopischen Werke des 20. Jahrhunderts. Er handelt von einem totalitären Staat, in dem das eigenständige Denken und die Fantasie unterdrückt und Bücher verbrannt werden, und von einer Gruppe von Menschen, die Bücher auswendig lernen, um ihren Inhalt zu erhalten. Dieser Roman mit seiner Kritik an einer konformistischen Gesellschaft steht auch für den hohen Stellenwert, den Bradbury Büchern beigemessen hat. »Ich glaube weder an Lehrer noch an Universitäten, ich glaube an Bibliotheken«, hatte er einmal in einem Interview gesagt und sich zeit seines Lebens für den Erhalt von öffentlichen Büchereien eingesetzt. Die »Erfindung des Computers, der Medien, von all dem, was über Leitungen durch die Luft zu uns in unser Heim eindringt, all diese Spielzeuge, nach denen wir täglich süchtig geworden sind«, machte der Visionär Bradbury als die Feinde des Lesens aus. Seiner Ansicht nach steht hinter » alldem einfach ein bedauerlicher Mangel an Grips«.

Er bedauerte auch, dass »die meisten Filme und Bücher heute von Menschen gemacht und geschrieben [werden], die das Leben nicht lieben«. Die Liebe zum Leben, zu den Menschen, das Entstehen

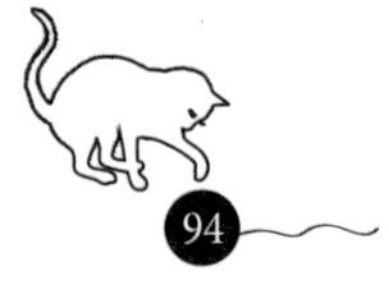

und Vergehen, das Erwachsen-, das Älterwerden und Sterben im Laufe der Zeit, das Erinnern und Vergessen, die Toleranz, aber auch die Ängste, das Böse, die dunklen Seiten der menschlichen Seele – diese stets wiederkehrenden Motive begegnen dem Leser in vielen Erzählungen von Bradbury. Ihm gelingt es, unheilvolle Stimmungen zu erzeugen, deren Ursache aber nicht immer eine tatsächliche Bedrohung von außen ist, sondern oft nur die tief verborgenen inneren Ängste der Menschen selbst darstellen. Scheinbar alltägliche Ereignisse erscheinen durch die Lyrik seiner Worte und die oft melancholisch anmutenden Stimmungen fantasievoll. Sie schaffen es, den wunderbaren »Zauber [zu] weben«, der die Leser in seinen Bann zieht. Oder, wie es der polnische Science-Fiction-Autor Stanisław Lem einst formulierte, seine »starke Sensibilität für die sinnliche Schönheit der Welt«.

Diese besondere Sensibilität hatte Ray Bradbury auch in Bezug auf Katzen, die in vielen Werken auftauchen, wenn auch nicht, wie im *Katzenpyjama*, als eigenständige Figuren, so doch häufig als Gegenstand von Metaphern. In seinem Buch über *Zen in der Kunst des Schreibens* enthüllte er »das große Geheimnis der Kreativität: Behandle Ideen wie Katzen – lass sie dir folgen«. Oder an anderer Stelle: »Jeder Katzenhalter wird wissen, wovon ich spreche. Katzen kommen in der Abenddämmerung, um auf deinem Bett zu sitzen. Sie mögen nicht deine Nase zwicken oder deinen Atem inhalieren oder ein Geräusch machen. Sie sitzen einfach da und starren dich an, bis du ein Augenlid öffnest und sie dort beobachtest, wie sie fast tot umfallen, weil sie gefüttert werden müssen. Sie kommen stumm in der Stunde, da du versuchst aufzuwachen, und sie erinnern mich an meinen Namen.« Während der Arbeit an dem Roman *Dandelion Wine* (dt. *Löwenzahnwein*) sollen bis zu 22 Katzen in Bradburys Haus gelebt haben, und wie bei so vielen Schriftstellern saß auch seine Lieblingskatze häufig »wie ein Briefbeschwerer« auf seinem Schreibtisch.

Zwei seiner Gedichte, die Bradbury neben seinen Romanen, Erzählungen und Drehbüchern auch geschrieben hat, widmete er Katzen. In *With Cat For Comforter* beschreibt er zärtlich die Katze als nächtliche Trösterin des Menschen, wie sie schläfrig da liegt, »alle Stille wie in Bernstein eingeschlossen und traumverloren, bis es mit bebendem Vibrieren das Fell durchzittert, aber im Innern, ohne den leisesten Hauch nach draußen, nur unterdrückt und flüsternd« der Mensch »von ihrer Regung erwacht, eingebettet in ihr Schnurren, das Gesicht von einem nach-mitternächtlichen Lächeln verändert, das ihn schlafumfangen dahintreibt auf des schlummernden Tieres Geheiß, sein friedliches Geräusch nun deins, sein Geräusch ein heilender Herd. Die wundersame Katze als Tröstern – webt so Decke und Nest«.

In dem anderen Gedicht beschreibt er ebenso fantasie- wie gefühlvoll die Ursache für das Schnurren seines Katers: Er hatte eine Hummel verschluckt (*My cat has swallowed a bumblebee*). Für Bradbury klingt er »wie ein Bienenstock im goldenen Sommer, jedes mal wenn er schnurrt, ist die Luft voller Leben, sein Thunfischatem ist eine Symphonie von einer Honigwabe, wo Vivaldi-Bienen einen Teppich aus flüssigem Gold weben, eine zarte Harfe in den Cello-Bäumen streichen, [...] während meine Katze einatmet, wird ein Schnurren als Vorspiel ausgeatmet, von einem Blasebalg befeuert mit dem Schwirren der Zikaden [...]«. In jenem Gedicht begegnet uns auch wieder das Motiv des Sommers, das auch in anderen Erzählungen zu finden ist.

Im Gedicht ist es die Katze, die den Sommer bewahrt – auch im Winter. Im Roman *Löwenzahnwein* stellt der 13-jährige Douglas Spaulding, Bradburys jugendliches Alter Ego, im Sommer fest, dass er lebt – und deshalb auch eines Tages sterben wird. Und die Geschichte *Der ganze Sommer an einem Tag* (*All Summer in a Day*) erzählt vom Leben auf dem Planeten Venus, auf dem es ununterbrochen regnet und nur an einem einzigen Tag innerhalb von sieben Jahren Sommer gibt, und einem Mädchen, das diesen sehnlich er-

warteten Tag verpasst, weil es von den Mitschülern in den Schrank gesperrt wird.

Ray Bradbury starb am 5. Juni 2012. »Er [Bradbury], war sich bewusst gewesen«, so der damalige Präsident der Vereinigten Staaten von Amerika, Barack Obama, »dass unsere Einbildungskraft dazu genutzt werden kann, Dinge besser zu verstehen und unsere tiefsten Überzeugungen zum Ausdruck zu bringen«.

Die Katze ist ein schöner Teufel

CHARLES BUKOWSKI
(1920-1994)

Wenn man als »Heinrich Karl« oder wenigstens doch als »Karl Heinz« im rheinischen Andernach geboren wird, dann tut es gut, wenn die Eltern den Namen in »Charles Henry« ändern, sobald man zuerst in Baltimore und dann ein paar Jahre später in Los Angeles angekommen ist. Aber das ist noch nicht gut genug, denn die anderen Schüler nennen ihn »Heini«, was vermutlich weder im Deutschen noch im Amerikanischen eine besonders liebevolle Bezeichnung ist. Also geht irgendwann auch der »Henry« verloren, nur noch die allerbesten Freunde dürfen ihn benutzen, und übrig bleibt für den Rest des Lebens allein »Charles«. Der Großvater väterlicherseits war schon vor vielen Jahren aus Deutschland nach Pasadena gekommen und hatte damals den Namen von zu Hause mitgebracht, wie es nun einmal so geht. Mit dem Nachnamen gab es also keine größeren Probleme, denn »Bukowski« ist hier wie dort eben nur ein Name. Nichts weiter.

Der Vater wiederum war wohl kein angenehmer Mensch – er war Alkoholiker, betrog schamlos seine Frau und misshandelte den kleinen Charles, wann immer ihm der Sinn danach stand, was oft genug war. Charles, der sich nicht wehren konnte, fand nur zwei Auswege aus seiner miserablen Lage: Er begann zu schreiben, und er fand ebenfalls zum Alkohol. Mit 16 Jahren schließlich kannte er sich mit beidem bestens aus. Vor allem der Alkohol, so schrieb er später selbst, half ihm über eine lange Zeit. Er entwickelte auch eine eigene Methode des Trinkens, um sein Leben unter freundlicheren Bedin-

gungen führen zu können. »Wenn etwas Schlechtes geschieht«, schrieb er, »dann trinkst du, um es zu vergessen. Wenn etwas Gutes passiert, trinkst du, um es zu feiern. Und wenn gar nichts geschieht, dann trinkst du, damit etwas passiert.« Wenigstens studierte er zwischendurch ein paar Jahre Journalismus, aber ohne dass daraus irgendetwas von Bedeutung resultierte. Er wechselte fast nach Belieben die Wohnorte, die Jobs, die Gefängnisse und landete dann auch noch in der Psychiatrie. Die Armee wollte ihn nicht, auch nicht als der Krieg, 1944, auf seinen Höhepunkt zusteuerte; man befand ihn als physisch und mental unzulänglich. Und dass er eine deutsche »Vergangenheit« hatte, war ihm auch nicht zuträglich.

Allerdings wurden in jenen Jahren seine ersten Arbeiten veröffentlicht, aber das reichte nicht aus, um zu überleben. Also nimmt er 1952 eine Stelle beim U.S. Postal Service an, und zwar als Briefzusteller. Wenig später, 1958, kündigt er, wäre fast an einer Magenblutung gestorben, fängt wieder an zu schreiben, heiratet, wird geschieden und beginnt wieder mit dem Trinken. Er kehrt zur Post zurück, diesmal aber als Briefsortierer, und so vergehen die 1960er-Jahre in innerer Verzweiflung, aber gleichzeitig auch mit einer ständigen Produktion von Texten. Er veröffentlicht Gedichte, Romane und schreibt eine regelmäßige Kolumne unter dem Titel *Notes of a Dirty Old Man* in der Zeitschrift *Open City*. Endlich, 1969, macht ihm ein Verlag ein Angebot, das er nicht ausschlägt. Er kündigt erneut seinen Job und widmet sich von nun an allein dem Schreiben. Das klappt dann mehr oder weniger gut, immerhin wird er bekannt; er sei, bemerkt ein Kritiker, in den USA vielleicht nicht der berühmteste, doch in den Buchläden der meistgeklaute Autor. In Deutschland hingegen werden mehr als vier Millionen seiner Bücher verkauft. Und selbst heute noch, fast ein Vierteljahrhundert nach seinem Tod, gibt es weltweit mehr als hundert Webseiten, die sich mit Bukowskis Werken beschäftigen.

Was aber macht seine Bedeutung aus? Natürlich dass er das Bild eines saufenden, krakeelenden Genies beförderte, und zwar zu einer

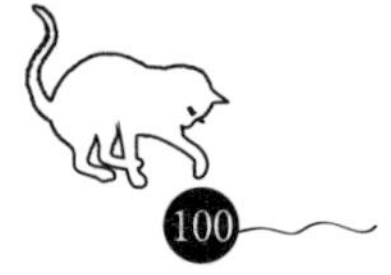

Zeit, da die zuckersüße Gewissheit der Nachkriegsjahre allmählich Risse bekam. Als klar wurde, dass die Zukunft voller Technik und Konsum nicht alle Probleme würde lösen können. Dass es trotz Wachstum und Wohlstand immer noch die schmuddeligen Seiten des Lebens gab. Und dass sich plötzlich jemand um die »absolute, literarisch unverstellte Wahrhaftigkeit von Empfinden und Darstellung« bemühte, wie ein Kritiker es formulierte, »kompromisslos, unangepasst, pessimistisch«. *Storys vom verschütteten Leben* oder *Das Schlimmste kommt noch* heißen seine Bücher in der deutschen Übersetzung. Und es war nicht zuletzt seine harte, direkte Sprache, aber auch sein Leben, aus der diese Sprache erwuchs, die seinen Erfolg in den späten 1960er- und frühen 1970er-Jahren begründeten. Dass der Alkohol dabei eine höchst wichtige Rolle spielte, hat er selbst nie geleugnet: »Ich denke nicht, dass ich ein Gedicht geschrieben habe, wenn ich völlig nüchtern war.«

Aber da war dann noch eine ganz andere Seite seines Lebens – Bukowski liebte Katzen! Es gab eine ganze Menge davon in seinem Leben. Erst waren es fünf, dann sieben und am Ende sogar neun. Was daran lag, dass er fast jede streunende Katze aufnahm, die ihm ins Haus kam. Bukowski genoss ihre Anwesenheit: »Eine Menge von Katzen um dich zu haben, ist gut. Wenn du dich schlecht fühlst, schau dir die Katzen an, und du fühlst dich besser, weil sie wissen, dass alles ist, wie es ist. Es gibt nichts, worüber man sich aufregen muss. Sie wissen es eben. Sie sind Retter. Je mehr Katzen du hast, desto länger lebst du. Wenn du hundert Katzen hast, wirst du zehn Mal länger leben, als wenn du nur zehn hast. Irgendwann wird man das herausfinden, und die Menschen werden tausend Katzen haben und ewig leben. Es ist wirklich lächerlich.« Aber Bukowski geht noch einen Schritt weiter: »In meinem nächsten Leben möchte ich eine Katze sein. 20 Stunden am Tag schlafen und darauf warten, dass man gefüttert wird. Herumsitzen und meinen Arsch lecken. Menschen sind zu erbärmlich und ärgerlich und zielstrebig.«

Natürlich sorgen Katzen nicht nur für Freude und Erquickung; sie können auch durchaus Probleme machen. Unter dem Titel *Ein Leser* berichtet Bukowski: »Meine Katze hat in meine Archive geschissen. Sie kletterte in meine Golden-State-Sunkist-Orangenkiste und schiss auf meine Gedichte, meine Originalgedichte, aufbewahrt für die Archive der Universität. Dieser einohrige, fette schwarze Kritiker hat mit mir Schluss gemacht.« Später dann, als Bukowski die Freuden der Technik kennen und schätzen lernt: »Die Katze hat auf meinen Computer gepisst und ihn kaputt gemacht. Und nun bin ich wieder zurück bei meiner alten Schreibmaschine.« Aber eigentlich stört es den Autor dann doch nicht, er findet sogar etwas Gutes an der Maschine: »Sie ist eben zäher. Sie hält Katzenpisse aus, verschüttetes Bier und Wein, Zigaretten und Zigarrenasche, verdammt, fast alles. Erinnert mich an mich selbst. Willkommen zurück alter Junge, vom alten Jungen.«

Mit den Namen für die vielen Katzen ist es allerdings so eine Sache; Bukowski selbst hat große Ambitionen. »Ich wollte unsere Katzen Ezra, Celine, Turgenjew, Ernie, Fjodor und Gertrude nennen«, allesamt nach berühmten Autoren. »Aber da ich ein guter Junge bin«, fährt er fort, »habe ich es meiner Frau überlassen, ihnen Namen zu geben, und heraus kam: Ting, Ding, Beeker, Bhau, Feather und Beauty. Kein einziger Tolstoi in der ganzen verdammten Bande.« Doch da gibt es noch zwei weitere Katzen, die es Bukowski besonders angetan haben: Butch und Manx. Mit beiden geht er durch dick und dünn, beide haben ein schweres Schicksal. Der eine, Butch, heißt mit vollem Namen: Butch Van Gogh Artaud Bukowski, und er muss eines Tages nach einem heftigen nächtlichen Kampf in die Tierklinik. Und sehr zu Bukowskis Verblüffung wird er diversen Prozeduren unterzogen: »Sie haben Tierzahnärzte, Psychologen für Tiere und eine Notfallaufnahme.« Und tatsächlich muss Butch operiert werden – »Anästhesie, Pillen, Salben«, alles in allem 82,50 US-Dollar. »›Jesus‹, sagte ich dem Tierarzt, ›das ist eine zehn Jahre alte, enteierte Straßen-

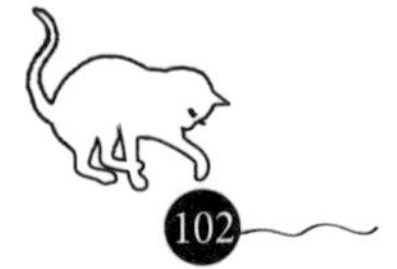

katze. Ich krieg ein Dutzend davon für nichts.‹ Der Tierarzt machte mit seinem Bleistift kleine Kreise auf einem Blatt Papier. ›In Ordnung‹, sagte ich, ›machen Sie weiter.‹«

Manx ergeht es sogar noch schlechter. Bukowski ist sofort von ihm begeistert, als er erscheint: »Die schwanzlose, schielende Katze kam eines Tages an die Tür, und wir ließen sie hinein. Rosa Augen. Was für ein Kerl.« Und weiter: »Tiere sind inspirierend. Sie wissen nicht, wie man lügt. Sie sind Naturkräfte. Fernsehen macht mich in fünf Minuten krank, aber ich kann einem Tier stundenlang zuschauen und finde nichts anderes als Anmut und Pracht, Leben, wie es sein sollte.« Eines Abends jedoch wird die Katze von einem ziemlich betrunkenen Besucher der Bukowskis in der Toreinfahrt überfahren. Die Katze ist schwer verletzt, und Bukowski bringt sie in die Tierklinik, wo sich als allererstes herausstellt, dass Manx doch keine Sie ist, sondern dass jemand ihm irgendwann einmal den Schwanz abgeschnitten hat. Dass man auch auf ihn geschossen hat und das Projektil immer noch in ihm steckt, zeigt sich beim Röntgen ebenso wie der Umstand, dass er wohl früher schon einmal überfahren wurde. »Diese Katze bin ich«, denkt Bukowski.

Der Kater wird gerettet, auch wenn es nicht einfach wird. Zunächst befürchtet man sogar, dass er niemals wird laufen können. Aber Bukowski pflegt ihn hingebungsvoll, als Manx zunächst weder trinken noch fressen oder die Medikamente zu sich nehmen will. Bukowski verbringt viel Zeit mit ihm: »Ich sprach auf ihn ein, ich ging nirgendwo hin, und ich berührte ihn sanft, und er schaute mich an mit diesen bleichen blauen schielenden Augen, und als die Tage vergingen, machte er seine ersten Bewegungen mit den Vorderbeinen, während sich die Hinterbeine nicht bewegten.« Langsam, sehr langsam wird es besser: Manx versucht es, steht auf und fällt hin, schließlich kann er sich ein paar Schritte bewegen, schwankt hin und her wie ein Betrunkener, fällt wieder hin, ruht sich aus, versucht es erneut. Schließlich und endlich schafft es Manx: »Jetzt ist er besser drauf als je zuvor, schielend, fast zahnlos, alle Anmut ist zurück, und

dieser Blick in den Augen war nie weg.« Bukowski ist stolz auf Manx, und manchmal, in Interviews, hält er die Katze den Journalisten vor die Nase und sagt, dass er durch ihr Schicksal inspiriert sei. Bukowski nämlich hält nicht viel von diesen Interviews, aber er weiß doch, wie wichtig sie sind. Auch Manx weiß es: »Er weiß auch, dass es scheiße ist, aber es hilft, das Katzenfutter zu kaufen, nicht wahr?«

Irgendwann stirbt auch Manx, und sein Tod veranlasst Bukowski zu einem seiner schönsten Gedichte, geschrieben in allem anderen als einer harten, direkten Sprache. Es heißt *One for the Old Boy*. »Er war nur eine Katze, schielend, ein schmutziges Weiß, mit bleichen blauen Augen. Ich will Sie mit seiner Geschichte nicht langweilen, nur sagen, dass er viel Pech hatte und dass er ein guter, alter Kumpel war. Und er starb, wie Menschen sterben, wie Elefanten sterben, wie Ratten sterben, wie Blumen sterben, wie Wasser verdampft und wie der Wind aufhört zu wehen. Seine Lungen gaben vergangenen Montag auf, und nun ist er im Rosengarten, und ich habe gehört, wie ein mitreißender Marsch für ihn gespielt wurde, in mir drinnen, von dem ich weiß, dass nicht viele, aber einige von Ihnen gerne davon wüssten. That's all«.

»Es gibt keine Geister oder Götter in den Katzen, such gar nicht erst danach. Die Katze ist das Abbild der ewigen Maschine, wie das Meer.« In solchen Zeilen über seine Katzen findet sich nichts von der Schmuddeligkeit der Welt, kein Pessimismus, keine Verzweiflung, nur eine unendliche Zuneigung voller Demut. »Ich weiß. Ich weiß. Sie sind begrenzt, haben unterschiedliche Bedürfnisse und Interessen. Aber ich beobachte sie und lerne von ihnen. Ich mag das Wenige, das sie wissen, und das ist so viel. Sie beschweren sich, aber sie sind nie besorgt. Sie bewegen sich mit einer erstaunlichen Erhabenheit, sie schlafen mit einer direkten Schlichtheit, die Menschen gar nicht verstehen können. Ihre Augen sind schöner als unsere. Und sie schlafen 20 Stunden am Tag ohne Zögern oder Reue. Wenn es mir schlecht geht, muss ich mir nur meine Katzen anschauen, und mein Mut

kehrt zurück. Ich studiere diese Wesen. Sie sind meine Lehrer.« Was immer man auch sonst von Bukowski und seinem Werk halten mag – für solche Zeilen muss man ihn lieben.

Am 9. März 1994 verstarb Charles Henry Bukowski in San Pedro an Leukämie. Vielleicht haben seine Katzen getrauert.

M. Nähr

Das beste Fixativ

GUSTAV KLIMT
(1862-1918)

Im Jahre 2006, fast genau hundert Jahre nachdem der Künstler es gemalt hatte, wurde das Porträt der Adele Bloch-Bauer, genannt die *Goldene Adele*, für 135 Millionen US-Dollar auf einer Auktion von Sotheby's versteigert – als das zum damaligen Zeitpunkt teuerste Gemälde der Welt. Gustav Klimt, der Maler, hatte ein Jahrhundert zuvor erhebliche Probleme, ausstehende Zahlungen von der Wiener Universität einzuklagen; man hatte beim Künstler Wandgemälde in Auftrag gegeben, sie dann aber nicht abgenommen und die Zahlung des Honorars verweigert. Zum Glück für Klimt war er von solchen öffentlichen Aufträgen nicht mehr finanziell abhängig, sondern hatte sich längst neue Kundenkreise in besseren Wiener Kreisen erschlossen. Wie eben jene Adele Bloch-Bauer, Bankierstochter und Ehefrau eines reichen Zuckerindustriellen, nebenbei noch die Gastgeberin eines der einflussreichen Salons in Wien, in dem sich regelmäßig Künstler, Schriftsteller, Intellektuelle und Politiker trafen. Sie saß Klimt mehrfach Modell, und auch die anderen Porträts von ihr erzielten im Laufe der Zeit Rekordsummen, so das *Adele Bloch-Bauer II* genannte Bild, das 1912 entstanden war und im Jahre 2017 von der amerikanischen TV-Größe Oprah Winfrey für 150 Millionen US-Dollar an einen ungenannten chinesischen Käufer veräußert wurde. Dass diese Bilder, ursprünglich im Besitz der Familie Bloch-Bauer, eine wechselvolle Geschichte haben, zwischenzeitlich dem österreichischen Staat gehörten und schließlich Gegenstand der Provenienzforschung wurden, bevor sie wieder in der

Familie landeten und für viel Geld weiterverkauft wurden, sei hier nur am Rande erwähnt.

Diese Preise jedenfalls machen deutlich, dass Gustav Klimt inzwischen in seiner Bedeutung als einer der wichtigsten Vertreter des Wiener Jugendstils anerkannt ist. Im Jahre 1897 hatte sich eine Gruppe von Malern als Sezession vom Wiener Künstlerhaus abgespalten. Sie lehnten den dort vertretenen konservativen und am Historismus orientierten Malstil ab. Ihr Motto ist *ver sacrum*, den »Heilige Frühling«, in dem sich eine neue Blüte der Kunst zeigen soll. Klimt selbst übernimmt zunächst die Präsidentschaft, verlässt der Verein aber 1905 wieder, weil ihm einige der anderen Künstler zu naturalistisch sind und man sich zudem über die Frage zerstritten hat, wie weit man mit der Kommerzialisierung der Kunst gehen sollte. Für Klimt jedenfalls ging es in der Sezession damit noch nicht weit genug.

Woran aber hat es gelegen, dass das kaiserlich-königliche Unterrichtsministerium im Jahre 1900 die Aufträge an Klimt für die Fakultätsbilder in der Universität zurückzog? – Glaubt man den zeitgenössischen Kritiken, galten die Bilder als »pornographisch«, wurden doch nackte Leiber von Männern und Frauen gezeigt, um die »Medizin« und die »Jurisprudenz« darzustellen. Tatsächlich hatte Klimt fast von Anfang an seine Bilder mit einer mehr oder weniger sublimen Erotik versehen. Kein Wunder, dass sie in den Medien als »obszöne Kunst«, »gemalte Pornographie«, »Orgien der Nacktkultur«, »sensationshungrige Verrücktheit«, »gemalter Wahnsinn« mit einer »Rohheit der Auffassung« diffamiert wurden. Da nutzte es auch nichts, dass das erste dieser Fakultätsbilder bei der Pariser Weltausstellung von 1900 mit einer Goldmedaille ausgezeichnet worden war. Dem Künstler hingegen waren Lob und Kritik eher gleichgültig; schon das 1899 entstandene Bild *Nuda Veritas* versah er mit einem Schiller-Zitat: »Kannst du nicht allen gefallen durch deine Tat und dein Kunstwerk, mach es wenigen recht. Vielen gefallen ist schlimm.«

Einer Gruppe von Menschen jedoch wollte Klimt durchaus gefallen – den Frauen. Er verehrte geradezu den weiblichen Körper als das schönste Geschenk der Natur und als letzte Offenbarung des göttlichen Schöpfungsplans. Und diese Verehrung war alles andere als nur »künstlerisch« gemeint; Klimt galt als das, was man heutzutage als »Womanizer« bezeichnen würde, als jemand, der mit seinen weiblichen Modellen engste Kontakte auch der anderen Art pflegte – wie man sagt auch mit jener Adele Bloch-Bauer. Wie weit man die Behauptungen einer nicht gerade kleinen Zahl von angeblich unehelichen Nachkommen des Künstlers ernst nehmen kann, bleibt umstritten. Tatsächlich aber war Klimt nie verheiratet, auch wenn er mit Emilie Flöge, Inhaberin eines Modesalons, eine lange und intensive Beziehung hatte, die jedoch ohne Nachkommen blieb. Allerdings findet sich in Klimts Zuneigung zu den Frauen auch noch eine andere Nuance: Er galt zu seiner Zeit als »progressiv«, weil er den Frauen in der Sexualität eine eigene Rolle und Legitimität zugestand. Manche seiner Aktzeichnungen haben mehr als nur einen erotischen Unterton; sind im Gegenteil recht explizit, was die Darstellung körperlicher Details anbelangt. Es wäre interessant zu sehen, welche Reaktionen sein Verhältnis zu Frauen in der aktuellen #MeToo-Debatte auslösen würde, aber das ist wiederum eine ganz andere Frage.

Man erzählt sich, dass Klimt manche seiner weiblichen Modelle auf der Straße aufgelesen hat. Das mag stimmen oder nicht, aber mehr noch als Frauen sammelte er Katzen. Meist lebte ein ganzes Dutzend von ihnen in Klimts Haushalt. Er selbst kannte darin kaum Grenzen, und so mussten seine Freunde im Stillen dafür sorgen, dass die Probleme nicht überhandnahmen – sie ließen ab und zu heimlich ein paar von den Katzen ganz einfach verschwinden. Es waren über die Jahre hinweg so viele, dass ihre Namen längst vergessen sind. Nur von jenem Tier auf unserem Bild weiß man, dass sie »Katze« hieß und Schlagobers über alles liebte. Ansonsten waren die Katzen nicht immer nur die kuscheligen kleinen Begleiter eines Künstlerlebens:

Sie nahmen auch das Atelier in Besitz und zeigten keinerlei Respekt vor den künstlerischen Werken. Sie schliefen auf den Zeichnungen, sie tollten darauf herum, sie bissen in das Papier und hinterließen alles, was sie zu hinterlassen hatten. Man kann sich nicht vorstellen, wie viele von Klimts Werken auf diese Weise verloren gingen. Den Künstler selbst hat es offenbar nicht weiter gestört: »No mei«, hat er gesagt, »wenn sie auch das eine oder andere Blatt verknittern und zerreißen, das macht nix – dafür wischerln's auf die andern, und wissen's, das ist das beste Fixativ.«

Gemalt hat Klimt die Katzen allerdings nicht. Zumindest sind bislang noch keine entsprechenden Bilder oder Zeichnungen aufgetaucht; vielleicht haben die Katzen ja auch selbst diese Werke zerstört. Man weiß es nicht. Vielleicht hatte Klimt auch einen zu großen Respekt vor diesem Sujet, denn es ist gar nicht so einfach, Katzen zu zeichnen oder zu malen. Natürlich gibt es in der Kunst immer wieder eine Menge von Katzenbildern, manche davon scheinen recht gut gelungen wie die von Tsuguharu-Léonard Foujita oder Balthus, aber auch Paul Klee oder Franz Marc. Doch oft genug sind die abgebildeten Tiere eben nur grotesk verzerrt dargestellt, in der falschen Symmetrie, in den falschen Dimensionen. Nur wenigen Malern ist es über die Jahrhunderte hinweg gelungen, mit dem Abbild der Katzen auch die Nuancen ihrer »Seelen« einzufangen. Klimt jedenfalls hat ganz darauf verzichtet, es zu versuchen. Und das sei ihm hoch anzurechnen, denn gar kein Katzenbild ist allemal besser als ein schlechtes.

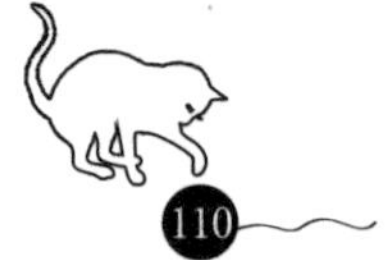

Emil und die Katzen

ERICH KÄSTNER
(1899-1974)

Emil Erich Kästner? Ach ja, der Kinderbuchautor! Heutzutage denken viele vor allem an die Kinder- und Jugendbücher, die Erich Kästner geschrieben hat – nicht mehr unbedingt, weil man die Bücher selbst gelesen hat, sondern weil sie stets aufs Neue einen unterhaltsamen Stoff für Filme abgeben. Oder man kennt ihn von den Aphorismen, deren Weisheiten manches Kalenderblatt und manche Rede zieren, seit das Poesiealbum aus der Mode gekommen ist. Die meisten der Zitate sind Kästners Gedichten entlehnt. Als sogenannte »Gebrauchslyrik« mit ungeschönten Botschaften, nüchtern, ohne Schnörkel und Illusionen die Probleme der Zeit darstellend, waren sie in den 1920er-Jahren Ausdruck der Neuen Sachlichkeit in der Literatur. Diesen Schreibstil übertrug Kästner auch auf seine Kinderbücher, die ein Spiegel der Milieus und gesellschaftlichen Bedingungen der Zeit waren und – wie auch seine anderen Werke – immer wieder biografische Bezüge erkennen lassen.

Ob in Gedichten, Büchern oder journalistischen Texten – in vielen seiner Werke kommt Kästners gesellschaftskritische Haltung und vor allem seine Abneigung gegen alles Militärische und Bürokratische zum Ausdruck. Der Beginn des ersten Weltkriegs, dem »Ende seiner Kindheit«, und die Einberufung als 17-Jähriger haben in Kästners Leben erkennbar Spuren hinterlassen, ebenso wie später die Zeit des Nationalsozialismus. Mit dem Eintrag »alles außer Emil«, gemeint war damit das 1929 erschienene Kinderbuch *Emil und die Detektive*, kam Kästners gesamtes Werk auf die

schwarze Liste und wurde im Mai 1933 bei der berüchtigten »Aktion wider den undeutschen Geist« öffentlich verbrannt – in Kästners Anwesenheit. Er emigrierte jedoch nicht, sondern blieb im Land, schrieb unter Pseudonym weiter und veröffentlichte in der Schweiz. Später hat er sich mit seiner passiven Haltung selbstkritisch auseinandergesetzt.

Erich Kästner hatte eigentlich Lehrer werden wollen. Ließ er schon in seinem 1931 erschienenen Roman *Fabian* seinen Moralisten Jakob Fabian feststellen: »Lehrer hätte ich werden müssen, nur die Kinder sind für Ideale reif«, so erkennt man diese Überzeugung in seinem Wirken nach 1945 wieder. »Wir können«, so Kästner, »zu verhüten versuchen, dass die Kinder werden wie wir.« Sein 1949 erschienenes Kinderbuch *Konferenz der Tiere*, das er auf Anregung der Kinderbuchautorin und Gründerin der Internationalen Jugendbibliothek München, Jella Lepman, schrieb, ist ein Appell für Frieden und Verständigung, für die Abschaffung der Grenzen, der Waffen und des Militärs. In dem Vertrag, den die Staatsoberhäupter auf Betreiben der Tiere unterzeichnen, werden Lehrer zu den »bestbezahlten Beamten«, denn: »Die Aufgabe, die Kinder zu wahren Menschen zu erziehen, ist die höchste und schwerste Aufgabe. Das Ziel der echten Erziehung soll heißen: Es gibt keine Trägheit des Herzens mehr!«

Ohne Zweifel – an dieser Konferenz der Tiere werden auch Katzen teilgenommen haben, selbst wenn sie in dem Buch keine herausragende Rolle einnehmen. Denn Erich Kästner war gleichwohl ein bekennender und praktizierender »Katzenhalter«, ein Wort, wie er schreibt, das »aus Druckerzeugnissen sonst untadeliger Tierschutzvereine« stamme, und wie er weiter feststellt: »Nun gibt es also außer Federhaltern und Büstenhaltern auch Katzenhalter, und ein solcher bin ich, ob mir das Wort gefällt oder nicht.« Kästner hatte eine tiefe Leidenschaft für Katzen – und hat diese auch mit großer Zuneigung und humorvoll literarisch zum Ausdruck ge-

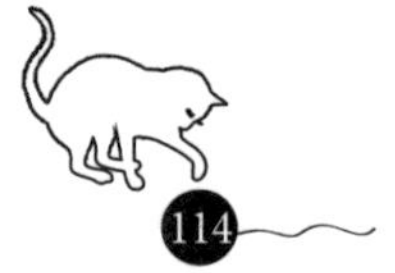

bracht. Eindeutig hat er Katzen gegenüber Hunden den Vorzug gegeben, »weil sie nicht bellen« – in unserer ansonsten lauten und hektischen Welt ein unbedingter Vorteil. Und weil sie sich, anders als Hunde, nicht dressieren lassen – dies sei, so Kästner, ganz einfach »gegen ihre Würde, gegen ihren guten Geschmack und gegen ihre schönste Passion, den Freiheitsdrang«.

Mindestens vier seiner Katzen lernen wir in Kästners Buch *Meine Katzen* kennen: Die persisch-blaue Katze mit den goldenen Augen, die »Prinzessin im Pelz mit ausgeprägtem Sinn fürs Kapriziöse« und einem »Stiefmütterchengesicht, vor dem man rettungslos dahinschmilzt« und die das, wenn wundert es, natürlich auch weiß. Wegen ihrer »wolligen Molligkeit« wird sie Lollobrigida genannt – kurz: Lollo. Ihre Tochter Anastasia (kurz: Anna) – wegen der damals aktuellen Berichte über die vermeintliche Zarentochter – kommt eher nach dem Vater, genannt der »Pennäler«, einem »unpersisch bunten Kater aus der Umgebung«, der sich »nach der hitzigen Wiesenhochzeit nicht mehr blicken ließ«. Anna – »schwarzer Frack, weißes Hemd« – hat »kurze gekrümmte Fußballerbeine«, aber wenigstens die »geheimnisvollen goldenen Augen« ihrer Mutter. Und dann noch Pola, man kann es sich denken, benannt nach dem damals beliebten Filmstar Pola Negri, eine schwarze Angorakatze mit grünen Augen und laut Kästner angeborener Autorität: »Anciennität und Rang sind in dem Quartett ein und dasselbe.« Butschi oder eigentlich Oscar de Mendel, weil er der Beweis für die Mendelschen Regeln war, machte das Quartett vollständig – Sohn von Pola mit blaugrauem Pelz, menschlichem Blick, auch »der Sekretär« genannt wegen seiner »stillen Leidenschaft für Schriftstellerei« und weil er besonders gerne in Kästners Nähe ist, wenn er schreibt. Butschi, nach der Comicfigur Butch the Burglar, wurde er erst später gerufen – nachdem er eine riesenhafte Größe erreicht hatte.

Kästner und seine Partnerin, die Journalistin und Dramaturgin Luiselotte »LL« Enderle, mit der er fast 40 Jahre zusammenlebte und

die auch Vorbild für die Mutter der Zwillinge Luise und Lotte in seinem Kinderbuch *Das doppelte Lottchen* gewesen sein soll, haben den Katzen einen selbstverständlichen Platz in ihrem Alltag gegeben. In ihren wechselseitig hinterlassen »Hausnachrichten« haben sie dem jeweils Heimkehrenden praktische Informationen, etwa über den aktuellen Aufenthaltsort oder die erfolgte Nahrungsaufnahme der Katzen, gegeben – oft mit liebevollem Humor und kreativen Wortschöpfungen: »Alle drei Kätzchen sind inwändig. Pola tyrannisiert den Rest« oder »Pola und Butschi haben noch etwas Tatütartar gefressen« und manchmal auch ausführlicher:

»LL, kurzer Bericht von der Katzenfront:

1. Alle Katzen haben geabendbrotet.
2. Das Fliegengitter haben sie schon gelockert!
3. Anna kam aus dem Bach. Ich hab sie frottiert.
4. Pola ging dreimal ins Haus und kam dann dreimal aus dem Garten. Sie kann nur aus meinem oder sogar Deinem Fenster gesprungen sein.
5. Lollo gab dem Gewitter am spätesten nach, d. h. ehe sie freiwillig ins Haus kam: Fangen ließ sie sich nicht.
6. Butschi gab zu originellen Betrachtungen keinen bestimmten Anlass.
7. Salmony rief an, da Du angerufen habest. Sprachen über Dürrenmatt Dünnes.
8. Alle Katzen sind inwändig.«

Auch Lollos Nachwuchs war Thema der Kurzberichterstattung: »Frontbericht Schrankzimmer: Die Mäuse wachsen minütlich. Die graue wirkt in der Stille. Die zwei gestromten sind frech, die schwarze wird untergebuttert, wenn wir nicht aufpassen«. Kästner unterschrieb seine Nachrichten gerne mit seinem ersten Namen Emil und augenzwinkernden Zusätzen wie »stud. Med. vet.« oder »MNA – Mäuse-Nachrichten-Agentur«. Oder verzierte sie mit Zeichnungen,

war allerdings von seinem Zeichentalent selbst nicht überzeugt, wie sein Kommentar »Und Emil kann nicht zeichnen« vermuten lässt. Auch von unterwegs ließ Kästner selbstverständlich stets »Grüße an das vierkätzige Kleeblatt, die Kätzchen, die vierblättrigen Katzen, die vier seidigen (vierseitigen) Katzen, die Vierkatzen, die Damen Pola, Lollo, Anni und Herrn Butsch de Mendel, das Schnurrquartett, die Zwei- und Vierbeiner, die Zwo- und Fürbeiner, die Katzen!« ausrichten.

Natürlich hat Kästner, wie könnte es anders sein, auch den Trieben der Katzen ein Gedicht gewidmet:

Eine kleine Nachtmusik
oder Die kleine Katermusik
Ach schicken Sie doch mal Ihr Fräulein Katze raus!
Sie sitzt nervös am Fenster, sie kann nicht aus dem Haus.
Ach sie hat so schwarze Beine
und ein seidensamtnes Fell,
und wir sind zu viert alleine
und der Vollmond scheint so hell.
Und versilbert Gras und Flieder,
und vergrößert unsre Qual …
Sie kriegen die Dame ja wieder
Donnerwetternocheinmal!
Nun schicken Sie schon endlich Ihre Katze zu uns raus!

Seine Antwort an Luiselotte Enderle, als sie ihm die Nachricht vom Tod zweier Katzen schrieb, lässt erahnen, wie tief ihn der Tod der Katzen berührt hat: »Gestern konnte ich noch nicht antworten, weil mir der Tod von Pola, so nah er sein mochte, und vor allem von Anna sehr zusetzte. […] Ach nein, ich kann kein Wort mehr darüber schreiben. Schlimm, was Du durchgemacht haben wirst. Grüß den Butschi«.

Katzen – für Erich Kästner Tiere mit Geheimnissen, aber »es sind keine düsteren Geheimnisse, von denen Katzen umgeben sind, sondern freundliche Rätsel. Sie bewahren unsere Zuneigung davor, gewöhnlich zu werden. Sie stiften Distanz. Sie geben Schadenfreude Form. Sie verleihen ihr Stil. Sie erhöhen ihren Zauber. Das sind große Worte? Das sind große Worte. Ich finde keine kleineren.«

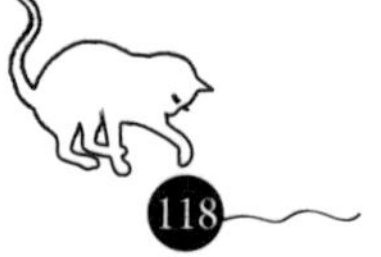

Bin kein sittsam Bürgerkätzchen

HEINRICH HEINE
(1797-1856)

»Das Herz des Dichters ist der Mittelpunkt der Welt«, schreibt Heinrich Heine in seinen *Reisebildern, dritter Teil.* Ob in diesem Mittelpunkt auch die Katzen standen, mag umstritten bleiben, aber wenigstens in ein paar Momenten seines Lebens haben sie eine gewichtige Rolle gespielt. Geboren wurde Heinrich (zunächst noch Harry) Heine 1797 in Düsseldorf, damals eine rheinische Kleinstadt unter französischer Herrschaft. Es war sein Onkel Simon de Geldern, »der auf meine geistige Bildung großen Einfluss geübt und dem ich in solcher Beziehung unendlich viel zu verdanken habe«, schreibt Heine später in seinen *Memoiren.* Und zu diesem Einfluss gehörte nicht zuletzt der Dachboden im Hause des Onkels, die »Arche Noä«, wie man sie zu nennen pflegte: »Welche geheimnisvolle Wonne jauchzte im Herzen des Knaben«, erinnert er sich, »wenn er auf jenem Söller, der eigentlich eine große Dachstube war, ganze Tage verbringen konnte.« Und in diesem Dachboden lebte als einziges Wesen eine dicke Angorakatze ohne Namen, die nicht so sehr auf Sauberkeit hielt und nur selten mit ihrem Schweife ein bisschen den Staub und die Spinnweben fort von dem alten Gerümpel fegte, das sich über die Jahre auf dem Dachboden angesammelt hatte. »Aber mein Herz war so blühend jung«, erzählt Heine später, »dass mir alles von einem phantastischen Lichte übergossen schien und die alte Katze selbst mir wie eine verwünschte Prinzessin vorkam, die wohl plötzlich, aus ihrer tierischen Gestalt wieder befreit, sich in der vorigen Schöne und Herrlichkeit zeigen dürfte, während die Dachkam-

mer sich in einen prachtvollen Palast verwandeln würde, wie es in allen Zaubergeschichten zu geschehen pflegt.« Inzwischen älter geworden, fährt er fort: »Doch die gute alte Märchenzeit ist verschwunden, die Katzen bleiben Katzen.«

Nicht nur von Märchen muss man berichten, sondern genauso von Tragödien. Im *Romanzero* findet sich ein Gedicht mit dem Titel *Erinnerung*. Es geht um einen Freund, Wilhelm (vielleicht auch: Felix) Wisetzki, früh verstorben, ertrunken in der Düssel beim Versuch, eine Katze zu retten. »Ich sagte: ›Wilhelm, hol doch das Kätzchen, das eben hineingefallen‹ – und lustig stieg er hinab auf das Brett, das über dem Bach lag, riss das Kätzchen aus dem Wasser, fiel aber selbst hinein, und als man ihn herauszog, war er nass und tot«, berichtet Heine. »Doch die Katze, die Katz' ist gerettet«, aber nicht Wisetzki: »Der Balken brach, worauf er geklommen, da ist er im Wasser umgekommen«, heißt es im Gedicht. Dass der Knabe so jung verstarb, lässt Heine später ins Nachdenken geraten: »Bist früh entronnen, bist klug gewesen, noch eh' du erkranktest, bist du genesen«. Das Gedicht wird 1851 veröffentlicht, da war er bereits seit drei Jahren in der eigenen »Matratzengruft« begraben, von der er sich nie wieder erheben sollte. Und Heine wusste genau, wie es um ihn stand: »Seit langen Jahren, wie oft, o Kleiner, mit Neid und Wehmut gedenk' ich deiner, doch die Katze, die Katz' ist gerettet.«

Die Zeiten der Kindheit jedenfalls waren bald vorbei: die Preußen übernehmen wieder die Macht im Rheinland, der Wind weht wieder heftiger in das Gesicht der Juden, und Heine wird irgendwann Student, zunächst in Bonn, dann in Göttingen. Von der Stadt ist er nicht begeistert: »Die Stadt selbst ist schön und gefällt einem am besten, wenn man sie mit dem Rücken ansieht.« Heine mag nicht dort sein, aber fast ein Jahr muss er es dort aushalten. Überhaupt hat das Studentenleben seine Tücken; er will sich wegen Nichtigkeiten duellieren, aber die Universität verbietet es, und Heine wird für ein halbes Jahr der Universität verwiesen. Mit den Freuden der Liebe klappt es

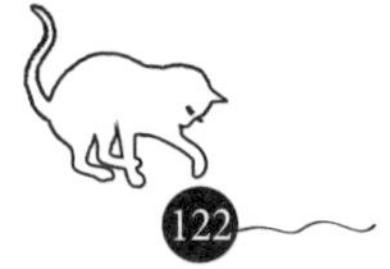

auch nicht so richtig, und manche Biografen vermuten, dass er sich dort mit Syphilis infiziert hat. Das ist zwar alles nicht ganz geklärt, aber Heine wird krank und flüchtet nach Hamburg und Berlin. »Glauben Sie nicht, dass etwa eine Weiberuntreue die Ursache sei«, schreibt er 1822 in einem Brief. »Ich liebe die Weiber noch immer; als ich in Göttingen von allem weiblichen Umgange abgeschlossen war, schaffte ich mir wenigstens eine Katze an.« Viel geholfen hat es aber offensichtlich nicht – Heine fühlte sich weiterhin »sehr verdrießlich, mürrisch, ärgerlich, reizbar; der Missmut hat der Phantasie den Hemmschuh angelegt.«

Nach einigem Hin und Her und nachdem er Doktor der Jurisprudenz geworden war, zog es Heine 1831 nach Paris. Viel ist über diese Zeit geschrieben worden, seine Arbeit, seinen Ruhm, seine Heirat mit einer gewissen Crescentia Eugénie Mirat, auch Mathilde genannt, seinen Kampf mit Ludwig Börne, den Streit mit der Hamburger Familie um seinen Anteil am Erbe und schließlich das lange Siechtum in der »Matratzengruft«. Dort aber findet er sich wieder mit einer Katze zusammen – Mimi. Sie hat ihren Namen eher nicht von der Heldin aus Puccinis Oper *La Bohème*, wie man vermuten könnte, denn die wurde erst 1896 uraufgeführt. Wohl aber basiert die Oper auf dem Roman und Theaterstück *Scènes de la Vie de Bohème* von Henri Murger, veröffentlicht und mit großem Erfolg aufgeführt 1848 und 1849. Auch dort heißt die Heldin Mimi, und ihre Krankheit und ihr Tod stehen im Mittelpunkt der Handlung. Ob Heine den Roman gelesen oder das Theaterstück gesehen hat, weiß man nicht so genau, zumindest findet sich darüber nichts in seinen Schriften. Allerdings nahm er aktiv am Pariser Kulturleben teil, solange es ihm die Gesundheit erlaubte, war ständiger Gast im Salon der Marie Cathérine Sophie d'Agoult, wo er alles traf, was damals in Paris Rang und Namen hatte – Victor Hugo, Eugène Sue, Théophile Gautier, Alexandre Dumas d. Ä., Honoré de Balzac, Gioacchino Rossini, Franz Liszt, Frédéric Chopin, Hector Berlioz. Sogar von einem amourösen Ver-

hältnis mit der Schriftstellerin George Sand ist die Rede. Egal: Gut möglich also, dass er auch mit Murger und seinen Werken in Kontakt kam. Aber gemach: Da sind noch Heines *Memoiren des Herren von Schnabelewopski*, veröffentlicht bereits 1834, und die Katze jenes Herren hieß – nun ja: Mimi.

Wie dem auch sei: Mimi, die Katze im Gedicht, ist jedoch alles andere als arm und schwindsüchtig. »Bin kein sittsam Bürgerkätzchen«, beschreibt Heine sie, »nicht in frommen Stübchen spinn' ich. Auf dem Dach in freier Luft, eine freie Katze bin ich.« Eine Katze, die sich auch durchaus ihrer sexuellen Wünsche bewusst ist und keinen Hehl daraus macht: »Aus dem Busen wilde Brautgesänge quellen, und der Wohllaut lockt herbei alle Katerjunggesellen.« Und ihr Gesang hat Erfolg: »Alle Katerjunggesellen, schnurrend, knurrend, alle kommen, mit Mimi zu musizieren, liebelechzend, lustentglommen.« An anderer Stelle bezeichnet Heine dieses Orchester als »Jung-Katerverein für Poesiemusik«, der sein Konzert gibt »zur Feier des Siegs, den über Vernunft der frechste Wahnsinn errungen.« Was aber nach Mimis Arie folgt, klingt ganz anders; es sind »tolle Symphonien. Wie Kapricen von Beethoven oder Berlioz, der wird schnurrend, knurrend übertroffen.« So vergeht die ganze Nacht: »Wunderbare Macht der Töne! Zauberklänge sondergleichen! Sie erschüttern selbst den Himmel und die Sterne dort erbleichen.« Ein Rausch, eine Orgie, ein Ozean voll Lust und Leidenschaft – kein Wunder, dass die Kritik von »Lüderlichkeit« giftet, von »gemeiner Sinnlichkeit«, von »revolutionärer Geilheit«. Heine muss es aushalten, auch wenn es ihm schwerfällt.

Am 17. Februar 1856 stirbt Heine an tuberkulöser Meningitis. Als er auf dem Sterbebett mitbekommt, dass seine Frau für das Seelenheil des Sünders und für Gottes Vergebung betet, sagt er nur: »Zweifle nicht daran, meine Liebe, er wird mir verzeihen. Das ist sein Geschäft.« Beerdigt wird er schließlich auf dem Cimetière de Montmartre, so wie er es einige Jahre zuvor in seinem Testament verfügt hat, »da ich eine Vorliebe für dieses Quartier hege, wo ich lange Jahre hindurch

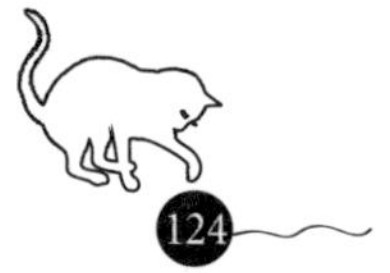

gewohnt habe«. Dort nämlich, »unter der Bevölkerung des Faubourg Montmartre habe ich mein liebstes Leben gelebt«. Da liegt er nun, mit Mathilde wiedervereint, in engster Nachbarschaft zur Henkersfamilie Sanson, gemeinsam mit Hector Berlioz und Alexandre Dumas d. Ä., Marie Duplessis, die man auch die Kameliendame nannte, Théophile Gautier, Jacques Offenbach. Ab und zu kommt eine Delegation aus Düsseldorf, wo man lange Jahre gebraucht hatte, um mit dem Dichter ins Reine zu kommen; man legt Blumen nieder, verharrt einen Moment lang im Gedenken und geht dann wieder. Man hat getan, was zu tun war, hat die Universität nach sinnlosen Debatten endlich doch nach ihm benannt, hat ein Denkmal am Rand der Innenstadt aufgestellt, hat sein Geburtshaus der privaten Pflege und Nutzung durch eine Buchhändlerfamilie überstellt – und damit muss es dann aber wirklich auch gut sein. Nur die Katzen, nur die verwegenen Katzen vom Cimetière de Montmartre, besuchen sein Grab tagaus, tagein, auch sie keine »sittsam Bürgerkätzchen«, sondern in freier Luft, freie Katzen. Und in der Nacht kommt der »Jung-Katerverein für Poesiemusik« zusammen, singt französische Arien und bringt die Nachbarn um ihren Schlaf.

Der Mensch baut zu viele Mauern und zu wenige Katzenklappen

ISAAC NEWTON
(1642–1727)

Befragte man Katzen danach, was sie für die größte Errungenschaft Isaac Newtons halten, käme man zu erstaunlichen Ergebnissen. Nein – es wäre nicht Newtons revolutionäre Theorie vom Wirken der Gravitation. Mit der Schwerkraft nämlich haben Katzen keine größeren Probleme: Man muss nur einmal gesehen haben, wie sie mit unnachahmlicher Eleganz beim Sprung aus dem Stand auf eine hohe Mauer der Anziehungskraft der Erde trotzen. Und das Gleiche zu tun scheinen, wenn sie aus höchster Höhe wieder zurückspringen. Selbst einen Sturz aus dem 34. Stockwerk, also etwa fast 150 Metern, kann eine Katze unbeschadet überstehen – das ist immerhin vor ein paar Jahren in Australien amtlich bestätigt worden. Übrigens hat eine Katze mehr Probleme damit, wenn sie aus dem ersten Stock herunterfällt; dann nämlich bleibt ihr nur wenig Zeit, sich in die richtige Position zu drehen, zuerst auf sublime Weise mit den Hinter-, dann mit den Vorderpfoten, sodass sie schließlich gesund und munter auf alle viere fällt. Dabei auch noch komplizierte mathematische Formeln zu berechnen, wäre für die Katze wenig hilfreich.

Auch Newtons Theorien von Licht und Farbe gehen den meisten Katzen an den Schwanzspitzen vorbei. Es ist ihnen völlig gleichgültig, ob sich das Licht in Form von Wellen oder Quanten bewegt oder ob sich das reine Licht letztendlich aus vielerlei Farben zusammensetzt. Abgesehen davon, dass Katzen im Allgemeinen nahezu farbenblind sind, halten sie es für ausreichend, dass sie die Dinge auch in der

Dunkelheit bestens erkennen können. Bei hellem Sonnenlicht hingegen können sie ihre Pupillen zu einem engen Schlitz verengen, sodass man in China die Mittagszeit daran ablesen kann: Die Pupillen der Katzenaugen werden nämlich bis zwölf Uhr mittags immer kleiner und erreichen dann ihre engste Zusammenziehung in Form einer feinen Linie, wie ein Haar. Dann dehnen sie sich allmählich wieder aus, bis sie nachts um zwölf die Form einer ziemlich großen Kugel erreichen. Hat man das System einmal begriffen und sich durch stete Übung darin eine gewisse Fertigkeit angeeignet, bedarf es weder Chronometer noch mathematischer Formeln, um sich der genauen Tageszeit zu vergewissern.

Und auch mit der Infinitesimalrechnung haben es die Katzen nicht so sehr. Immerhin haben sie durch ihr praktisches Handeln stets bewiesen, dass das berühmte Paradoxon des Philosophen Zenon von Achilles und der Schildkröte nichts anderes ist als eben – ein Trugschluss. Jener Zenon hatte behauptet, dass der schnelle Läufer Achilles die langsame Schildkröte nie würde einholen können, wenn er ihr nur einen Vorsprung gewährte. Denn in jener Zeit, die Achilles diesen Vorsprung aufholt, ist die Schildkröte ja weitergelaufen und hat einen neuen Vorsprung gewonnen, den Achilles erst wieder ausgleichen muss, während die Schildkröte ihrerseits erneut ein paar Schritte nach vorne gemacht hat – und so weiter und so fort bis in die Unendlichkeit. Letztendlich würde Achilles also immer näher kommen, aber die Schildkröte nie überholen können. Hätten die Katzen allerdings jemals an dieses Paradoxon geglaubt, so wären sie mangels Nahrung schon lange ausgestorben, denn eine Maus hätten sie niemals gefangen. Aber Vorsicht: Die empirisch belegbare Tatsache, dass es eine ziemlich große Menge zumeist recht gut genährter Katzen gibt, ließe sich auch dadurch erklären, dass jene Katzen inzwischen eine andere Methode gefunden haben, als unendlich lange hinter den Mäusen herzujagen – sie lassen sich vom Menschen ernähren. Oder um es mit den Worten von Kurt Tucholsky auszudrücken: dass »alle Katzen, solange es Menschen gibt, ein verbrieftes

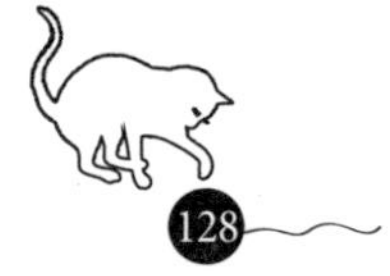

Anrecht darauf haben, ihren Lebensunterhalt vorgesetzt zu bekommen, ohne irgendeine Verpflichtung zu haben, sich dafür durch Arbeit erkenntlich zu zeigen«.

Was aber ist es nun, das die Katzen an Isaac Newton so sehr schätzen? – Die Erfindung, man glaubt es kaum, der Katzenklappe. Aber der Reihe nach. Im Jahre 1667 wurde Newton zum Dozenten am Trinity College an der Universität Cambridge ernannt. Das hatte zur Folge, dass er von nun an ein regelmäßiges Gehalt bezog und ihm eine Wohnung zur Verfügung gestellt wurde. In dieser Zeit befasste sich Newton intensiv mit der Natur von Farbe und Licht und unternahm dazu eigene Experimente. Er verdunkelte sein Zimmer, bohrte ein Loch in den Fensterrahmen, um einen Sonnenstrahl einzulassen, und leitete dieses Licht durch ein Prisma. Und weil sich das Licht auf diese Weise in alle möglichen Farben spaltete, nahm Newton im Umkehrschluss an, dass sich »reines Licht« aus eben diesen Farben zusammensetzt. Diese Experimente waren angesichts mangelnder technischer Vorrichtungen schon kompliziert genug, aber dass auch noch seine Katze Spithead unaufhörlich an der Eingangstür kratzte und herzerweichend jammerte, war Newtons Konzentration wenig förderlich. Man kennt das ja aus eigener Erfahrung: Erst quengeln die Katzen, bis man sie nach draußen gelassen hat, dann geht das Ganze sofort wieder von vorne los, bis man sie schließlich wieder hereinlässt, nur damit sie gleich wieder nach draußen wollen und so weiter und so fort. Und wenn sie nicht gestorben sind, dann stehen Mensch und Katze immer noch an der Tür. Vielleicht rührt daher Newtons Interesse an der »Unendlichkeit«.

Irgendwann jedenfalls musste Newton es leid geworden sein, vor allem nachdem Spithead vier Junge zur Welt gebracht hatte und nun besonders ihr Recht auf den Hofgang einmaunzte. Newton beauftragte die Zimmerleute des Colleges damit, zwei Löcher in die Tür zu schneiden – ein großes für Spithead, ein kleines für die Jungen. Das wäre nicht erforderlich gewesen, denn jene jungen Katzen folgten

ihrer Mutter durch die größere Tür, aber Newton hatte sein Ziel erreicht – die Katzen störten nicht mehr seine Experimente, zumal er die beiden Löcher mit kleinen Vorhängen aus Samt verhängen ließ, sodass es im Raum weiterhin dunkel blieb. Spithead jedenfalls hatte schnell gelernt, wo sich hinter den Vorhängen die Tür zur Freiheit befand, was nur beweist, wie intelligent Katzen sein können, wenn es einmal wirklich darauf ankommt. Leider ist uns Spitheads weiteres Schicksal nicht überliefert; wir wissen nicht, zu welchen weiteren Gelegenheiten sie Newtons Genius befeuerte. Der Forscher jedenfalls blieb noch 30 weitere Jahre in Cambridge, setzte seine Experimente fort, bevor er 1699 ein hohes Amt bei Hofe antrat und nach London umzog. Ob er dort noch mit Katzen zusammenlebte, ist nicht bekannt. 1727, im hohen Alter von 84 Jahren, starb Newton an Komplikationen mit Blasensteinen.

Es ist immer wieder bezweifelt worden, dass Newton jene Katzenklappe tatsächlich »erfunden« hat. Immerhin bedarf es keiner großen intellektuellen Anstrengung, zwei Löcher in eine Tür zu schneiden, sodass man annehmen kann, dass irgendwer schon vorher auf diese Idee gekommen ist. In den um 1390 erschienenen *Canterbury Tales* von Geoffrey Chaucer gibt es eine Stelle, die genau darauf schließen lässt. In *The Miller's Tale*, einer eher schlüpfrigen Geschichte von einem Müller, seiner schönen jungen Frau und einem vagabundierenden Scholar, findet sich eine Textstelle, in welcher ein Knecht nach dem Verbleib des Scholaren suchen soll. Er vermutet ihn in seinem Zimmer und versucht, ihn durch heftiges Klopfen an der Tür zu wecken. »Es war umsonst. Nichts regte sich. Jedoch er sah ganz unten an der Tür ein Loch, durch das die Katze hin und wieder lief.« Und da diese Vorrichtung nicht weiter beschrieben wird, muss man wohl davon ausgehen, dass Chaucer sie bei seinen Lesern als bekannt voraussetzte, was wiederum bedeuten könnte, dass es schon weit vor dem Ende des 14. Jahrhunderts zumindest in England die ein oder andere Katzentür gegeben haben mochte.

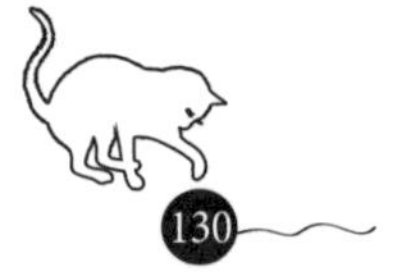

Mag es denn so sein, und Newton hat eben doch nicht die Katzenklappe »erfunden«. Was aber bleibt, ist seine unbestrittene, vielleicht sogar entscheidende Bedeutung für das, was man gemeinhin das »moderne Denken« nennt. Dazu muss man nicht gleich so hymnisch werden wie das *Damenconversationslexikon* von 1834, das Newton beschreibt als »eine[n] der größten Namen, welche die Geschichte des menschlichen Geistes kennt, der gleich einem Riesen über das Niveau der allgemeinen Bildung jener Zeit hervorragte«. Und da soll es nicht möglich gewesen sein, dass er doch irgendetwas zumindest mit der Verbesserung der Katzentür zu tun gehabt hatte? – Klar, das Gesetz der Gravitation. Nun ja, eher nichts Besonderes, denn die ist ja immer schon da gewesen, sogar nach Büroschluss und an Wochenenden, irgendwann musste ja jemand dahinterkommen. Aber die Katzenklappe! Das wäre dann nicht bloß eine »Entdeckung« gewesen, sondern eine wahre, eine reine »Erfindung«. Und dafür sind ihm die Katzen bis heute dankbar. Man frage sie einmal danach!

Rosa, Mimi und Lenin

ROSA LUXEMBURG
(1871-1919)

»Gestern ist Lenin gekommen [...]. Ich rede gern mit ihm, er ist gescheit und gebildet und hat eine gar so hässliche Fratze, die ich gerne sehe. [...] Die arme Mimi macht ›kuru!‹. Sie hat dem Lenin mächtig imponiert. [...] Sie kokettierte auch mit ihm, wälzte sich auf dem Rücken und lockte ihn, versuchte er sich aber zu nähern, dann haute sie ihn mit dem Pfötlein und fauchte wie ein Tiger. Er sagte, er hätte nur in Sibirien so stattliche Tiere gesehen, sie sei eine ›barskij kot‹ – eine herrschaftliche Katze.«

Wer weiß, vielleicht hätte damals eine der Großen Romanzen der Weltgeschichte, nun gut, zumindest des Sozialismus, ihren Anfang nehmen können, wenn sich Mimi weniger herrschaftlich verhalten hätte. Vermutlich hätte aber auch sie nicht verhindert, dass sich die politischen Wege von Rosa Luxemburg und Lenin bald trennen sollten. Beide hatten ihre politischen Wurzeln in der Sozialdemokratie, waren wichtige Wegbereiter der Arbeiterbewegung, als überzeugte Antimilitaristen traten sie entschieden für Frieden ein, das verband sie – welchen revolutionären Weg man dazu einschlagen müsse, darin waren sie sich allerdings uneins.

Rosa Luxemburg fand schon in ihrer Jugend, damals noch in der polnischen Heimat, zur Politik und musste früh erleben, welchen Preis sie dafür zahlen sollte. Ihr Engagement in der marxistischen Gruppe »Proletariat« am Gymnasium in Warschau führte dazu, dass ihr die Goldmedaille als klassenbeste Abiturientin wegen »oppositioneller Haltung gegenüber Behörden« verweigert wurde. Ihren politischen Eifer bremste das nicht. 1888, mit 17 Jahren, flüchtete sie in die Schweiz, studierte zunächst Philosophie, Mathematik, Botanik und Zoologie, bevor sie später, vermutlich auch als Folge ihres fortgesetzten politischen Engagements im Kreise emigrierter polnischer, russischer und deutscher Sozialdemokraten, zu den Rechtswissenschaften mit Völker- und Staatsrecht wechselte. 1898 erlangte sie durch Heirat die deutsche Staatsbürgerschaft, zog nach Berlin und trat unmittelbar in die SPD ein.

Schnell erkannte man ihr Rede- und Schreibtalent, aber auch ihre Leidenschaft, mit der sie für ihre Überzeugungen kämpfte. »Das giftige Luder«, schrieb seinerzeit der Vorsitzende der Sozialistischen Partei Österreichs über Rosa Luxemburg, »wird noch sehr viel Schaden anrichten, um so größeren, weil sie blitzgescheit ist, während ihr jedes Gefühl für Verantwortung vollständig fehlt und ihr einziges Motiv eine geradezu perverse Rechthaberei ist.« Wertschätzender und versöhnlicher hingegen klang das Urteil von August Bebel, dem

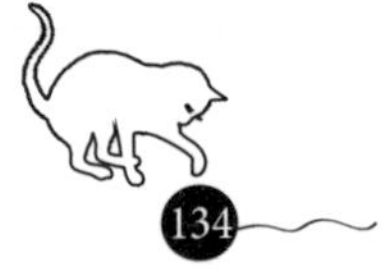

deutschen Parteiführer: »Die Rosarei ist nicht so schlimm, wie du denkst. Trotz aller Giftmischerei möchte ich das Frauenzimmer in der Partei nicht missen. In der Parteischule wird sie als die beste Lehrerin von Radikalen, Revisionisten und Gewerkschaftlern verehrt. Dort ist sie die Objektivität in höchster Potenz.« In jener Parteischule übrigens hatte Rosa eine streunende und verletzte Katze aufgefunden, der sie den Namen Mimi gab und an deren Treiben und Wohlergehen sie fortan Freunde und Weggefährten in zahlreichen Briefen teilhaben ließ. So wissen wir auch, dass »Mimi mit am Tisch saß wie ein Mensch und manierlich vom Teller fraß«.

Ihre Leidenschaft und ihr mutiges, kämpferisches Eintreten für ihre politischen Ziele, gegen die Obrigkeit und den Krieg, für Marxismus, die Internationale und die »Freiheit der Andersdenkenden« brachte Rosa Luxemburg schließlich Anklagen und Verurteilungen zu langen Haftstrafen ein. Zwischen 1915 und 1918 verbrachte sie drei Jahre und vier Monate im Gefängnis. Sie soll in dieser Zeit noch härter und kompromissloser geworden sein, heißt es, doch ihre Briefe aus der Haft geben Einblick in eine andere Seite und zeichnen das Bild einer sehr empfindsamen Frau, und man erinnert sich daran, dass sie einst in der Schweiz auch Botanik und Zoologie studiert hatte.

Sie arbeitete und schrieb auch im Gefängnis weiter an politischen Schriften, doch ebenso finden sich in vielen Briefen überaus liebevolle und detailreiche Beschreibungen der sie umgebenden Natur, der Pflanzen, der Vögel und Insekten, denen sie im Gefängnisgarten in Wronke in der Provinz Posen ihre Aufmerksamkeit schenkte. Sie offenbaren die scheinbare Widersprüchlichkeit, die beiden Seiten der Rosa Luxemburg – kämpferische und streitbare Politikerin und naturverbundene Lyrikerin. In einem Brief an Sonja Liebknecht, Frau ihres Kampfgefährten Karl Liebknecht, bringt sie ihre innere Zerrissenheit zum Ausdruck: »[Ich] habe manchmal das Gefühl, ich bin kein richtiger Mensch, sondern irgend ein Vogel oder

ein anderes Tier in Menschengestalt; innerlich fühle ich mich in so einem Stückchen Garten wie hier oder im Feld unter Hummeln und Gras viel mehr in meiner Heimat als – auf einem Parteitag. Ihnen kann ich ja wohl das alles sagen: Sie werden es nicht gleich Verrat am Sozialismus wittern. […] Aber mein innerstes Ich gehört mehr meinen Kohlmeisen als den ›Genossen‹.«

Die Verlegung in ein Gefängnis nach Warschau bedeutete den Abschied von dem Garten. Auch an den sie dabei begleitenden Gefühlen lässt sie Sonja Liebknecht teilhaben: »Auf dem völlig grauen Einerlei des Himmels türmte sich im Osten eine große Wolke so überirdisch schöner rosa Farbe, so allein für sich losgelöst von allem, dass sie wie ein Lächeln aussah, wie ein Gruß aus unbekannter Ferne. Ich atmete wie befreit auf und streckte unwillkürlich beide Hände dem zauberhaften Bild entgegen. Wenn es solche Farben, solche Formen gibt, dann ist das Leben schön und lebenswert, nicht wahr? […] der Himmel und die Wolken und die ganze Schönheit des Lebens bleiben dennoch nicht in Wronke […], nein, sie gehen mit mir fort und bleiben mit mir, wo ich auch bin und solange ich lebe.« Mit ihrem Lebenswillen, ihrer Zuversicht und, wie sie es selbst beschreibt, »unerschöpflichen inneren Heiterkeit« versucht sie auch die Freundin aufzumuntern, wenn sie ihr angesichts der politischen Unruhen und Gefahren rät, »trotz alledem ruhig und heiter« zu sein: »So ist das Leben und so muss man es nehmen, tapfer, unverzagt und lächelnd – trotz alledem.«

Ihre Sorge galt während der Zeit im Gefängnis natürlich auch ihrer Katze Mimi, die sie der Obhut ihrer Parteigenossin Martha Jacob, der Sekretärin Leo Jogiches – einst Geliebter, dann lebenslanger Freund und Kampfgefährte Rosa Luxemburgs –, überlassen hatte. Letzterer wurde von ihr verpflichtet, Mimi täglich für mehrere Stunden am Tag Gesellschaft zu leisten. Martha Jacob hatte eines Tages die Idee, Mimi in einem Korb versteckt ins Gefängnis zu bringen, um Rosa eine Freude zu bereiten, doch diese lehnte ab: »Die Mimi im Korb

getragen, für einen Tag mitgenommen und dann wieder abgeliefert! Wie wenn es sich um eine gewöhnliche Kreatur handelte! Nun wissen Sie, guter Geist, dass Mimi eine kleine Mimose, ein hypernervöses Prinzesschen im Katzenfell ist.« Rosa hatte deshalb »den heroischen Entschluss gefasst, Mimi nicht zu sich ins Gefängnis kommen zu lassen«, und zwar um der Katze willen, denn »sie ist gewohnt an Munterkeit und Leben, sie hat es gerne, wenn ich singe und lache und mit ihr durch alle Zimmer haschen spiele, sie würde hier ja trübsinnig werden«.

Im Sommer 1917 starb Mimi, doch Martha Jacob wollte Rücksicht auf Rosa nehmen und verschwieg ihr deshalb den Tod der Katze vier Monate lang. Für diese falsche Rücksichtnahme hatte Rosa Luxemburg jedoch überhaupt kein Verständnis – sie war überzeugt davon, dass es barmherziger gewesen wäre, ihr »offen und ehrlich gleich die ganze Wahrheit zu sagen«. Sie spürte eine »Verbundenheit mit allen fühlenden Wesen«. In einem weiteren Brief aus dem Gefängnis beschreibt sie dieses Band mit folgenden Worten: »Ich weiß, für jeden Menschen, jede Kreatur, ist eigenes Leben das einzige, einmalige Gut, das man hat, und mit jedem Flieglein, das man achtlos zerdrückt, geht die ganze Welt jedes Mal unter; für das brechende Auge dieses Fliegleins ist alles so gut aus, als wenn der Weltuntergang alles Leben vernichtete.«

Rosa Luxemburgs Leben endete am 15. Januar 1919 in Berlin – gewaltsam und brutal durch die Hand der Soldateska.

Wie man sich zum großen Kater bildet

E. T. A. HOFFMANN
(1766–1822)

»Schüchtern – mit bebender Brust, übergebe ich der Welt einige Blätter des Lebens, des Leidens, der Hoffnung, der Sehnsucht, die in süßesten Stunden der Muße, der dichterischen Begeisterung meinem innersten Wesen entströmten.« Solch ein liebenswerter Autor, jener »Kater Murr«, denken wir, so schwärmerisch, so gefühlvoll. Voller Vorfreude auf den Balsam für unsere geplagten Seelen blättern wir um und werden überrascht: »Mit der Sicherheit und Ruhe, die dem wahren Genie angeboren, übergebe ich der Welt meine Biographie, damit sie lerne, wie man sich zum großen Kater bildet, meine Vortrefflichkeit im ganzen Umfange erkenne, mich liebe, schätze, ehre, bewundere und ein wenig anbete. Sollte jemand verwegen genug sein, gegen den gediegenen Wert des außerordentlichen Buchs einige Zweifel erheben zu wollen, so mag er bedenken, dass er es mit einem Kater zu tun hat, der Geist, Verstand besitzt und scharfe Krallen.«

Noch ein Vorwort? Ja, erklärt uns der Herausgeber jener Schrift ein wenig zögerlich. Es handele sich zwar nur um das »unterdrückte Vorwort«, aber irgendwie habe es sich am Herausgeber vorbei in den gedruckten Text geschmuggelt, und da steht es nun geschrieben – ein wenig angeberisch (»meine Vortrefflichkeit«), doch zugleich ziemlich aggressiv (»scharfe Krallen«). Und wem das nicht genügt, für den hat er noch hinzugefügt: »Murr, homme de lettres très rénommé«. Jetzt also, schon nach den ersten Seiten, haben wir keinen Zweifel mehr: Dem Kater ist es ernst, sehr ernst mit seiner Absicht, die Bil-

dung des Lesers auf neue, ungeahnte Höhen zu erheben. Und wehe dem, der sich dieser Aufgabe entziehen wollte!

Zwei Vorworte also, die unterschiedlicher nicht sein könnten. Und dann stellt sich noch heraus, dass durch ein bedauerliches Versehen zwei eigentlich voneinander unabhängige Texte miteinander vermischt wurden – der Herausgeber muss wohl oder übel ein »zusammengewürfeltes Durcheinander« eingestehen. Da sind zum einen die *Lebensansichten des Katers Murr*, von dem auch jene seltsamen Vorworte stammen, und zum anderen eine »fragmentarische Biographie des Kapellmeisters Johannes Kreisler in zufälligen Makulaturblättern«. Wie sich erst später herausstellte, hatte der Kater ohne Umstände ein gedrucktes Buch zerrissen und die Blätter harmlos teils zur Unterlage, teils zum Löschen verbraucht. Diese Blätter verblieben im Manuskript und wurden »aus Versehen« mit abgedruckt. Das wiederum macht das Lesen zwar interessant, da man zwei Geschichten für den Preis von einer erhält, aber eben auch recht schwierig, denn zumeist an den spannendsten Stellen bricht der eine Text ab, und man muss sich durch den anderen arbeiten, bis es endlich weitergeht. Wer auch immer für diese Fehler verantwortlich gewesen sein mag, »der Herausgeber hofft auf gütige Vergebung«.

Wichtiger erscheint aber ein anderer Hinweis – nämlich »dass er den Kater Murr persönlich kennengelernt hat«. Was jedoch kein Wunder ist, denn jener Herausgeber – Ernst Theodor Amadeus Hoffmann – lebte tatsächlich während vieler Jahre in Berlin mit einem Kater namens »Murr« zusammen. Und so wollen wir einmal davon ausgehen, dass eben dieser Kater ihn dazu inspiriert hat, die *Lebensansichten* zu verfassen. Man kann sich vorstellen, wie dieser »tatsächliche« Kater über Hoffmanns Schreibtisch stolziert ist, sich auf die Blätter des Manuskriptes gelegt, dabei die noch feuchte Tinte verschmiert hat, dann hingebungsvoll maunzte, weil er Hunger hatte – »ein unabgelenkter Lebenswille«, schreibt der Hoffmann-Biograf Rüdiger Safranski, »immer gleich gegenwärtig, das fraglose Leben, die unerhörte Evidenz des Animalischen«. Und ein solches

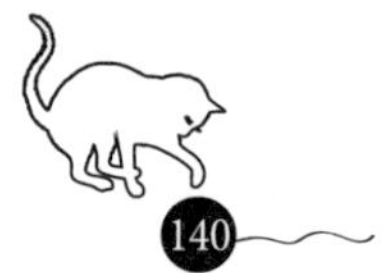

felliges Beispiel wird dem Dichter hochwillkommen gewesen sein, denn während der Niederschrift der *Lebensansichten* wird er schwer von einer ersten Welle jener Krankheit getroffen, an der er 1822 sterben wird. Manche vermuten, dass es sich um Syphilis gehandelt haben könnte (die bei den Künstlern dieser Jahre stets ins Spiel gebracht wird), andere wiederum gehen davon aus, dass Hoffmann an einer degenerativen Erkrankung des motorischen Nervensystems gelitten hat. Jedenfalls konnte er in seinem letzten Lebensjahr die Hände nicht mehr bewegen und musste die Texte seinem Krankenpfleger in die Feder diktieren. Leider war sein eigener Kater Murr nicht so begabt wie der literarische, der geschickt mit Feder und Tinte umzugehen wusste.

Geboren wurde Ernst Theodor Amadeus Hoffmann – oder kurz: E.T.A. Hoffmann – 1776 in Königsberg. Er war in nahezu jeder künstlerischen Hinsicht hochtalentiert; bevor er zu einigem Ruhm als Schriftsteller kam, war er bereits als Komponist und Dirigent bekannt geworden. 1804 wurde das Singspiel *Die lustigen Musikanten* aufgeführt, zu dem Clemens Brentano das Libretto geschrieben hatte. Noch bekannter wurde die Oper *Undine* von 1816, bei der er mit Friedrich de la Motte Fouqué zusammengearbeitet hatte. Auch zeichnen konnte er recht gut, jedenfalls brachten ihn einige drastische Karikaturen, die er 1802 von Offizieren und Adligen in Posen angefertigt hatte, in arge Bedrängnis. Zwar konnte seine Urheberschaft nie nachgewiesen werden, aber Hoffmann wurde umgehend in die Provinzstadt Plock versetzt, mitten ins polnische Nirgendwo. Für einen intelligenten und begabten Menschen wie Hoffmann die wohl schwerste Strafe, die man sich für ihn ausdenken konnte. Dass er sich dort langweilte und unzufrieden war, überrascht nicht. Und eher auch nicht, dass er sich in den Alkohol flüchtete, was ihm dann aber Anlass dafür war, die *Elixiere des Teufels* zu schreiben.

Nach der Besetzung Preußens durch die Franzosen musste Hoffmann 1808 den Staatsdienst verlassen und versuchte, seinen

Lebensunterhalt als Musiker zu verdienen. Aber so einfach war das nicht: »Ich arbeite mich müde und matt, setze der Gesundheit zu und erwerbe nichts!«, schreibt er im Mai an einen Freund. Schließlich findet er Anstellungen als Dramaturg und Musikdirektor zuerst im Bamberg, dann in Leipzig und Dresden, aber das Einkommen ist karg, wird manchmal nicht in Geld, sondern in Rotwein ausbezahlt. 1814, nach dem Ende Napoleons, wird Hoffmann an das Kammergericht in Berlin berufen, zunächst nur auf Honorarbasis, sodass er sich als Verfasser von Geschichten für Taschenbücher und die damals beliebten Almanache ein Zubrot verdienen muss. In jener Zeit erscheinen die *Fantasiestücke in Callots Manier*, in denen *Ritter Gluck*, *Der Magnetiseur* und *Der goldene Topf* enthalten sind. Zwar erhält er 1816 eine Festanstellung beim Kammergericht und somit auch ein geregeltes Gehalt, trotzdem versucht er sich weiterhin als Musiker, doch alle Bewerbungen als Kapellmeister werden abgelehnt.

Der erste Band der *Lebensansichten des Katers Murr* erschien 1820, der zweite 1822. Ein dritter Band war geplant, doch als der tatsächliche Kater Murr am 30. November 1821 verstarb, gab Hoffmann die Arbeiten daran auf. Hoffmann verfasste umgehend eine Traueranzeige und verteilte sie an seine Freunde: »In der Nacht vom 29. bis zum 30. November d. J. entschlief, um zu einem beßern Dasein zu erwachen, mein theurer geliebter Zögling der Kater Murr im vierten Jahre seines hoffnungsvollen Lebens. Wer den verewigten Jüngling kannte, wer ihn wandeln sah auf der Bahn der Tugend und des Rechts, mißt meinen Schmerz und ehrt ihn durch Schweigen. Berlin d. 1. Decbr. 1821 – Hoffmann«. Für den literarischen Kater Murr gab es von nun an nichts mehr zu tun; auch er stirbt am Ende des zweiten Bandes: »Den klugen, wohlunterrichteten, philosophischen, dichterischen Kater Murr hat der bittre Tod dahin gerafft mitten in seiner schönen Laufbahn. Er schied in der Nacht vom neunundzwanzigsten bis zum dreißigsten November nach kurzen, aber schweren Leiden mit der Ruhe und Fassung eines Weisen dahin.« Und weiter: »Denn

ich habe dich lieb gehabt und lieber als manchen – Nun! – schlafe wohl! – Friede deiner Asche!«

Tatsächlich ist es in höchstem Maße bedauerlich, dass die literarische Kooperation zwischen Hoffmann und dem Kater Murr auf diese tragische Weise enden musste. Gerne hätte man mehr erfahren über die Kommentare des Katers zur modernen Welt. Er hatte nämlich schon in jüngeren Jahren einen Traktat *Über Mausefallen und deren Einfluss auf Gesinnung und Tatkraft der Katzheit* verfasst. Darin setzt er sich durchaus kritisch mit der Entwicklung der Technik auseinander: »In diesem Büchlein«, schreibt er, »hielt ich den verweichlichten Katerjünglingen einen Spiegel vor die Augen, in dem sie sich selbst erblicken mussten, aller eignen Kraft entsagend, indolent, träge, ruhig es ertragend, dass die schnöden Mäuse nach dem Speck liefen! – Ich rüttelte sie aus dem Schlafe mit donnernden Worten.« Viel genutzt hat es allerdings nicht, wie die stetig steigenden Umsätze der Futtermittelindustrie zeigen. Mehr noch als damals ernährt sich die zeitgenössische Katze kaum noch durch die Jagd. Aber auch das wäre durchaus im Sinne des Katers Murr: »Nächst dem Nutzen, den das Werklein schaffen musste, hatte das Schreiben desselben auch noch den Vorteil für mich, dass ich selbst indessen keine Mäuse fangen durfte, und auch nachher, da ich so kräftig gesprochen, es wohl keinem einfallen konnte, von mir zu verlangen, dass ich selbst ein Beispiel des von mir ausgesprochenen Heroismus im Handeln geben solle.«

Nein, lieber verließ sich Kater Murr auf »die wunderbare Gabe, durch das einzige Wörtlein ›Miau‹ Freude, Schmerz, Wonne und Entzücken, Angst und Verzweiflung, kurz, alle Empfindungen und Leidenschaften in ihren mannigfaltigsten Abstufungen auszudrücken. Was ist die Sprache der Menschen gegen dieses einfachste aller einfachen Mittel, sich verständlich zu machen«. Recht hat er, der Kater! Denn »wer kann es sagen, wer nur ahnen, wie weit das Geistesvermögen der Tiere geht«. Suchen wir weiter nach einer Antwort!

Die Katze ist ein freier Mitarbeiter

KURT TUCHOLSKY
(1890-1935)

Auf den ersten Blick sind die Parallelen überdeutlich: die dominante Mutter, die Probleme in der Schule, das Studium der Jurisprudenz, die ambivalente Haltung zum Judentum, der Übertritt zum Protestantismus, die Emigration nach Paris, das immer wieder infrage gestellte Verhältnis zum Sozialismus, der distanzierte und kritische Blick auf Deutschland – und nicht zu vergessen: die tief empfundene Zuneigung zu den Katzen. Die Rede ist von Heinrich Heine und Kurt Tucholsky. Tatsächlich sahen die Zeitgenossen es genau so, und Tucholsky selbst verstand sich durchaus in der Tradition Heines, wenn er Politik und Gesellschaft in Deutschland mit scharfer Feder kommentierte. Und wie Heine ging es Tucholsky darum, Wissen und Verständnis zwischen Frankreich und Deutschland zu fördern. Beide mussten schließlich einsehen, dass sich mit Worten, so präzise sie auch gewählt sein mochten, die Verhältnisse nicht verändern lassen.

Kein Wunder also, dass beide – Heine und Tucholsky – ihre großen und anhaltenden Erfolge beim Publikum mit eher romantischen, gefühlvollen Schriften erzielten: Heine mit seinem *Buch der Lieder*, Tucholsky mit *Rheinsberg. Ein Bilderbuch für Verliebte* (das er 1912 im Alter von 22 Jahren veröffentlichte) und *Schloss Gripsholm* von 1931. Im Falle Tucholskys sind in diesen beiden Romanen eigene Erfahrungen mit Liebe und Erotik verarbeitet, durchaus auf eine leichte, spielerische Art. Seine politischen Schriften hingegen wurden seinerzeit und bis heute durchaus kontrovers wahrgenommen, blieben allerdings einer größeren Öffentlichkeit eher verborgen. Ab und zu

führen Tucholskys Aphorismen noch zu einer hektischen Aufregung, so etwa der Satz »Soldaten sind Mörder«, den er 1931 für einen Artikel in der *Weltbühne* formuliert hatte. 1995 musste das Bundesverfassungsgericht darüber befinden, ob diese Formulierung als eine spezifische Beleidigung der Bundeswehr angesehen werden könne. Das Gericht entschied, dass die Verwendung dieses Zitats straffrei bleibt, auch wenn in den Jahren danach die Diskussion immer wieder erneut, wenn auch für die Beteiligten folgenlos aufflammte.

Tucholsky war ein »Vielschreiber«, schrieb unter diversen Pseudonymen wie Theobald Tiger, Peter Panter, Ignaz Wrobel oder Kaspar Hauser, befasste sich mit Filmen und Büchern, schrieb Reiseberichte und politische Analysen und Kommentare. 1927 fällt ihm ein kleines Buch des Journalisten und Schriftstellers Axel Eggebrecht in die Hände mit dem einfachen Titel *Katzen*. Tucholsky ist sofort begeistert: »ein entzückendes kleines Buch«, schreibt er als Peter Panter in der *Weltbühne*, »zu dem man einmal aus ganzem Herzen Ja sagen kann«. Vor allem dass die Eigenschaften der Katze auf das Genaueste eingefangen werden, begeistert ihn: »die Morallosigkeit und die Sinnlosigkeit der Katze; ihre Ungreifbarkeit und substanzlose Körperlichkeit, die leisen Funken, die dauernd aus den Pelzen sprühen, und dann noch das andre … das nicht Nennbare«. In solchen Bemerkungen zeigt sich, wie sehr Tucholsky selbst darum bemüht war, die Katze zu erfassen. Jedenfalls »ein Buch voller japanischer Zartheit und einem fast englischen Humor, leise geschmackvoll und von einer hohen, gepflegten Sprachkunst«. Und so verwundert es nicht, dass er Eggebrecht auffordert, »jedes Jahr ein so schönes Buch zu schreiben und jedes Jahr ein umfangreicheres«. Leider kann sich Eggebrecht nicht dazu entschließen, sodass es der interessierte Leser bei diesem einen Band bewenden lassen muss.

Nicht nur in der Rezension fremder Texte, sondern auch in seinen eigenen kommt Tucholsky immer wieder auf die Katze zu sprechen. Im Essay *Die Katze spielt mit der Maus* von 1916 beschreibt

er auf präzise Weise, was bei der Jagd der Katze auf eine Maus geschieht: Die Katze entdeckt die Maus, jagt hinter ihr her, erwischt sie und beginnt mit dem tödlichen Spiel: »Die Katze lässt die Maus laufen. Die Maus flitzt, wie an einer Schnur gezogen, davon – die Katze mit einem genau abgeschätzten Sprung nach. Mit der letzten Spitze der ausgestreckten Pfote hält sie die Maus. Die Maus zappelt. Die Pfote schiebt sich langsam hin und her; die Pfote prüft die Maus. Die Katze liegt dahinter und dirigiert das Ganze.« Ein grausames Spiel zweifellos: Die Katze »packt die Maus mit den Zähnen, schüttelt sie und wirft sie sich über den Kopf und springt hoch in die Luft und fängt sie wieder auf. Die Katze ist toll. Sie rast, sie tobt mit dem kleinen grauen Bündel herum, das sich nicht mehr bewegt, sie tanzt und wälzt sich über die Maus. Dann gibt es einen kleinen Knack; der Höhepunkt ist überschritten, die Katze beginnt erregt, doch schon gedämpft, zu knabbern. Knochen knistern – die Maus wird im Querschnitt dunkelrot«. Und in den Wirren und Tumulten des Ersten Weltkriegs kann Tucholsky nicht anders, als den Vergleich zum Menschen zu ziehen: »Das aber ist Leben – ist nichts andres als unser menschliches Tun auch. Es ist kein Unterschied: das war eine Katze, und wir sind Menschen – aber es war doch dasselbe.«

Aber es geht auch anders: 1924, bereits in Paris, begegnet Tucholsky in einem Straßencafé einer Katze, es ist »eine große, gut genährte Katze, grau mit schwarzen Flecken«. Man kommt ins Gespräch, und es stellt sich zur Verblüffung des Autors heraus, dass jene Katze aus Insterburg im heute russischen Teil Ostpreußens stammt. Da sich auch Tucholsky in jener Stadt recht gut auskennt, findet man schnell gemeinsame Bekannte, und vielleicht hat man sich dort auch vorher schon einmal getroffen. Wie auch immer: Die Katze redet im schönsten ostpreußischen Dialekt daher, den man heutzutage kaum noch zu hören bekommt. Sie ist nicht unbedingt zufrieden mit ihrem Leben in Paris, vor allem »mit die Verfläijung, das is doch nichts. Ja. 's jibbt ja Fläisch un so – aber Fischkeppe – wissen Se – son richtichen

Kopp von nem Zanderchen oder Hachtchen – das hätt ich doch jar zu jern mal jajassen«. Auch dass des Katers Tochter sich in Montmartre herumtreibt, gefällt ihm gar nicht. Eines Tages hat er sich dann einmal selbst dort umgeschaut und ist entsetzt: »I, dacht ich, wirst mal hinjehn, sehn, was se da macht. Wissen Se – ich hab mir rein die Augen ausn Kopp jeschämt – lauter halbnackte Marjellen – und meine Tochter immer dabäi! Sone Krät –!« Nein, der Kater ist nicht zufrieden in Paris, und mit den anderen Katzen versteht er sich auch nicht: »Se sind auch so janz anders als bäi uns – manche sind direkt kindisch – wissen Se …!« Und dann muss die Katze fort, hat anderes zu tun. Leider kommt man nicht dazu, Adressen auszutauschen, und so sieht man sich nie wieder.

Tucholskys Versuch, sich in Paris eine eigene Katze zu beschaffen, geht ziemlich schief. Zwar besucht er irgendwo auf Montmartre eine »Katzenmutter«, gerät aber in eine äußerst skurrile Situation. In der Wohnung der Frau befinden sich ungeheure Mengen an Katzen aller Art, »sie rochen alle zusammen mehr, als gut war«. Kein Zweifel, die Frau sammelt Katzen, liest sie von der Straße auf, füttert sie, pflegt sie. Ob sie denn alle Katzen behalte, fragt Tucholsky vorsichtig, doch die Antwort verblüfft ihn: »›Oh, wo denken Sie hin!‹, sagte die Katzenmama. ›Die meisten töte ich. Sie bekommen eine kleine Spritze – es ist ganz schmerzlos … ja‹«. Man kann verstehen, dass Tucholsky findet, dass hier einfach etwas nicht in Ordnung war. »Verrückt saß die Katzenmutter da und betreute ihre Tiere mit einer Liebe, deren Farbe ganz leicht nach Anilin roch. Bete für sie, heiliger Freud.« Schließlich reicht man Tucholsky eine Katze, aber die kommt für ihn gar nicht in Frage, »ein ruppiger kleiner Tintenwischer ohne Rasse und Grazie«. Tucholsky verabschiedet sich und macht sich so schnell wie möglich davon.

1927 schließlich schreibt er einen »Brief an einen Kater«, der Mingo heißt. Es ist gar nicht so leicht, mit diesem Kater in Kontakt zu treten, denn er liegt unter dem Sofa und lässt sich nicht herauslocken. Dem

geplagten Autor bleibt nichts anderes übrig, als »sich denn vor das Sofa zu legen, platt auf den Boden, und dir unter die geschweiften Beine des Möbels herunterflüstern, was ich dir zu sagen habe«. Und Tucholsky hat etwas Bedeutsames zu sagen, nämlich über die Katze in der Literatur. In der Malerei – kein Problem, die Katze zu finden. »Aber in der Literatur, da muss man dich schon suchen; so viele gute Katzenbücher gibt es nicht.« Vielleicht, so hofft der Autor, werde jemand eines Tages eine Dissertation verfassen: »Die Katze in der Geschichte der Völker mit besonderer Beziehung auf die Literatur des achtzehnten Jahrhunderts«. Wollen wir einmal davon ausgehen, dass in der Zwischenzeit sich tatsächlich jemand gefunden hat. Man solle Eggebrecht lesen, schlägt Tucholsky vor, oder Max Brod, aber die Katze zeigt sich nicht sehr interessiert: »Du verschmähst sogar das. Du siehst uns gar nicht mehr. Wie du ins Leere schaust! Wohin blickst du? In welcher Zeit lebst du? In deiner eigenen – in unserer nur, wenn du etwas zu fressen haben willst.« Und Tucholsky weiß auch, dass nicht alle Menschen einen Zugang zu Katzen haben: »Es muss wohl Katzenmenschen und Hundemenschen geben«, stellt er fest. Und er selbst mag keine Hunde; an anderer Stelle sagt er: »Die Katze ist ein freier Mitarbeiter, der Hund ist ein Angestellter.« Schlimmer noch: Der Hund »brüllt den ganzen Tag, zerstört mit seinem unnützen Lärm die schönsten Stillen und wird in seiner Rücksichtslosigkeit nur noch von der seiner Besitzer übertroffen. (Protest des Reichsbundes Deutscher Hundefreunde. Kusch.)«. Und er beendet diesen Brief mit den Worten: »Einen Gruß, Mingo! An Dich und an alles, was schön ist und rätselhaft, überflüssig und geschwungen, unergründlich und einsam und ewig getrennt von uns: also an die Katzen und an das Feuer und das Wasser und an die Frauen«.

Ja: Katzen sind etwas Besonderes, sie entziehen sich auf elegante Art unserem Wissen und der Wissenschaft. Sie zeigen uns auf eine immer neue Weise, dass es auch ganz anders gehen kann. »Eine jede Katze lebt in dem sichern Bewusstsein, dass sie […], solange es Menschen gibt, ein verbrieftes Anrecht darauf hat, ihren Lebensunterhalt

vorgesetzt zu bekommen, ohne irgendeine Verpflichtung zu haben, sich dafür durch Arbeit erkenntlich zu zeigen; denn selbst wenn sie sich doch so weit herablassen sollte, gelegentlich eine Maus zu erjagen, so tut sie es nicht, um den Menschen eine Gefälligkeit zu erweisen, sondern sie tut es, weil ja schließlich selbst eine Katze ein Recht darauf hat, hin und wieder einmal ein Vergnügen zu genießen, das im gewöhnlichen Wochenprogramm nicht vorgesehen ist.« Vielleicht – so müsste man heutzutage denken – zeigt die stetig wachsende Zahl von Katzen in den deutschen Haushalten, dass wir bereit sind, von ihnen zu lernen, wenn es nicht schon längst zu spät ist. Tucholsky zumindest ist skeptisch, 1929 schreibt er: »Die Städter aber versaufen in verzückten Gefühlen, wenn sie eine Katze auf dem Dach sehen, und beten vor einem Blumentopf, wenn sie nicht gerade telefonieren müssen – die Fachleute puffen die Natur in die Seite und sind zu ihr frech. Die Natur schweigt. Es ist ein Jammer!«

Kurt Tucholsky selbst hat eine Entscheidung getroffen: Seit 1931 ist er publizistisch zunehmend verstummt; »mein Leben ist mir zu kostbar«, schreibt er an Arnold Zweig, »mich unter einen Apfelbaum zu stellen und ihn zu bitten, Birnen zu produzieren. Ich bin nicht mehr«. Er glaubt nicht daran, dass Hitler bald wieder verschwinden wird. Er ist mit seinen eigenen Worten ein »aufgehörter Deutscher« und ein »aufgehörter Dichter«. Sein letzter Eintrag in das *Sudelbuch* zeigt eine Treppe mit den Stufen: »Sprechen«, »Schreiben«, »Schweigen«. Schlimmer kann es kaum kommen. Nachdem er schon seit vielen Jahren unter Depressionen, Schlaflosigkeit und Magenbeschwerden gelitten hatte, nahm er am 20. Dezember 1935 eine Überdosis Tabletten – ob bewusst oder nicht, bleibt zwischen den Biografen umstritten. Am nächsten Tag starb er. »Hier ruht ein goldenes Herz und eine eiserne Schnauze. Gute Nacht!«, hatte er sich als Inschrift für seinen Grabstein gewünscht – es war ihm nicht vergönnt.

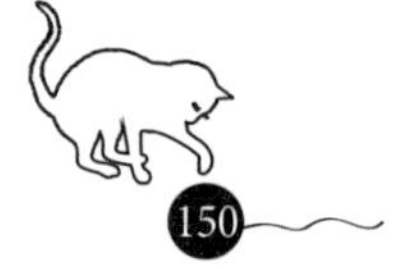

A Very Fine Cat Indeed

SAMUEL JOHNSON
(1709–1784)

Hierzulande kennt ihn fast niemand, aber in England gilt er als einer der ganz großen Gelehrten und Autoren. Man nennt ihn oft nur Dr. Johnson, obwohl er sein Studium mangels Geld hatte abbrechen müssen und erst mit 66 Jahren die Würde eines Ehrendoktors der Universität Oxford erhielt. Trotz mancher, für jeden sichtbaren Probleme (offenbar litt er unter dem Tourette-Syndrom) ist seine Bedeutung vor allem für die englische Sprache bis heute unumstritten; zwischen 1747 und 1755, in nur acht Jahren, erarbeitete er weitgehend allein das *Dictionary of the English Language*, in dem die wesentlichen Wörter aus dem gesamten englischen Sprachschatz aufgenommen, erläutert und in einen literarischen Kontext gestellt wurden. In Frankreich hatte eine Gruppe von Gelehrten mehr als 40 Jahre für das französische Pendant benötigt. In Deutschland kamen die Gebrüder Grimm mit ihrem Vorhaben selbst überhaupt nicht zu Ende (das Deutsche Wörterbuch wurde erst 1961 abgeschlossen). Aber wie auch immer: Nach Shakespeare ist Johnson auch heute noch der am meisten zitierte englische Autor.

Was aber den Zeitgenossen, wie seinem Biografen James Boswell, besonders auffiel, war Johnsons enge Bindung zu Tieren: Es ist die Rede von der »Zuneigung, die er den Tieren zeigte, die er unter seinen Schutz genommen hatte«. Vor allem für seinen Kater Hodge hatte Johnson eine besondere Schwäche: »Ich werde nie die Hingabe vergessen, mit der er Hodge, die Katze, behandelte.« Übrigens sehr zum Leidwesen Boswells, denn der litt offenbar an einer ausgeprägten Katzen-

haarallergie, sodass er »häufig eine ganze Menge unter der Anwesenheit jenes Hodges zu leiden hatte«, bis hin zu Schwindel und Ohnmacht. Aber da Boswell unbedingt die Nähe Johnsons suchte, ihn so oft wie möglich besuchte, blieb ihm nichts anderes übrig, als diese Qualen zu ertragen. Zu unserem Glück, denn gerade Boswell verdanken wir präzise Einsichten in das Verhältnis zwischen Dichter und Katze.

Natürlich war Hodge zunächst und vor allem eine »Katze«, ein Tier, das Johnson selbst in seinem Wörterbuch so definierte: »ein heimisches Tier, das Mäuse fängt (a domestic animal that catches mice)«. Viel einprägsamer kann man es wohl nicht formulieren. Hodge hingegen war für Johnson etwas Besonderes. Wessen immer es auch bedurfte, um Hodge ein angenehmes Leben zu ermöglichen, nahm Johnson auf sich. Wie so manche Katzen liebte Hodge eine jegliche Art von Meeresgetier, insbesondere Austern. Johnson »selbst pflegte auszugehen und Austern zu kaufen«, berichtet Boswell, »damit nicht die Diener diesen Ärger hatten und eine Abneigung gegen die arme Kreatur entwickelten«. Nun muss man an dieser Stelle hinzufügen, dass Austern zu Zeiten Johnsons keineswegs wie heute ein Luxusgut gewesen sind, übrigens ebenso wenig wie der Lachs, der in den heimischen Flüssen reichlich vorhanden war. Austern wuchsen überall an den englischen Küsten, und weil sie so billig waren, galten sie doch eher als Nahrungsmittel für die Armen. Aber darum ging es auch gar nicht, sondern nur um das Wohlergehen der armen Katze. Und um die Gefühle von Francis Barber, seinem Diener, der sich nicht durch solche niederen Tätigkeiten herabgesetzt fühlen sollte. Später, als Hodge sterbenskrank wurde, besorgte Johnson Baldrian, um dem Kater die letzten Stunden zu erleichtern.

Wie zärtlich Johnson mit Hodge umging, beschreibt Boswell bei einer Gelegenheit: »Ich erinnere mich, wie Hodge eines Tages die Brust von Dr. Johnson heraufkletterte, offensichtlich mit großer Befriedigung, während mein Freund lächelnd und halb-pfeifend seinen Rücken entlangstrich und ihn am Schwanz zog. Und als ich sagte,

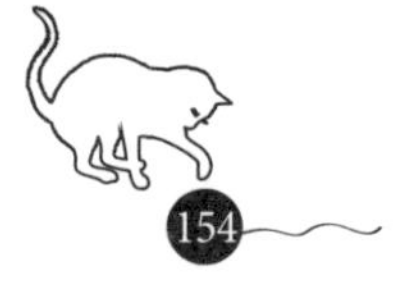

dass es sich um eine ›ausgezeichnete Katze‹ handele, sagte er ›nun ja, Sir, ich hatte Katzen, die ich mehr mochte als diese‹, und dann, als bemerke er, dass Hodge außer Fassung gerate, fügte er hinzu: ›er ist eine ausgezeichnete Katze, tatsächlich eine sehr ausgezeichnete Katze‹.« Und einmal erfuhr Johnson davon, dass ein junger Mann aus einer guten Familie durch die Stadt lief und Katzen erschoss. »Aber Hodge«, fügte er dann gedankenverloren hinzu, »Hodge soll nicht erschossen werden, nein, nein, Hodge soll nicht erschossen werden.«

Als Hodge dann tatsächlich verstorben war – wir wissen nicht, wann und an welcher Krankheit – schrieb der Dichter Percival Stockwell, ein Freund Johnsons aus Londoner Tagen, eine Elegie auf diese Katze: *An Elegy of The Death of Dr. Johnson's Favourite Cat.* Mit rührenden Worten preist Stockwell den Kater, »der auf seine Art seine Dankbarkeit bezeugte, wenn man ihn liebkoste, und der niemals vergaß seinen schnurrenden Dank zu zeigen, wenn man sein schwarzes Fell streichelte«. Und dann vergisst Stockwell auch nicht zu erwähnen, wie wohlerzogen sich Hodge sein Leben lang verhalten hat: »Er lebte in der Stadt, aber war niemals betrunken oder hat einen Pfennig für unnützes Zeug ausgegeben, er stahl keinen einzigen Groschen oder prellte einen Schneider um seinen Mantel.« Ein anständiger Kater also, aber was sagt uns das über das Verhalten der Menschen zu jener Zeit? – »Lass Tugend in deinem Herzen wohnen«, wendet sich Stockwell schließlich an die Menschen, »oder wünsche, du wärst als ein Hodge geboren.«

1997 wurde am Londoner Gough Square eine Statue für Hodge aufgestellt, unmittelbar neben dem Haus, in dem er mit Dr. Johnson gelebt hatte. Dort sitzt nun der Kater, auf einem Exemplar von Johnsons Wörterbuch, neben einigen leeren Austernschalen, darunter die Inschrift: »tatsächlich eine ausgezeichnete Katze«. Die abgebildete Katze übrigens hat der Bildhauer John Bickley nach dem Modell seiner eigenen Katze, Thomas Henry, gefertigt. Johnsons Haus ist heutzutage ein Museum, und dort lebte einige Zeit lang eine schwarze Katze namens Lily, benannt nach einer der vielen anderen Katzen, die bei Dr. Johnson lebten.

Ich bin wie eine Katze

FRIDA KAHLO
(1907-1954)

Eine schwarze Katze ... und dann auch noch auf der linken Seite – das kann nichts Gutes bedeuten. In der Symbolik des Abendlandes verheißt die schwarze Katze Unheil, steht sie doch für das Böse schlechthin, für den Teufel, für den Tod, wenigstens aber für ungezügelte Begierde. Zwar ist heutzutage das Leben einer schwarzen Katze nicht mehr unmittelbar in Gefahr wie einst im Mittelalter, als sie noch als Wegbegleiterin der Hexen galt, doch manch einer spürt immer noch ein tief verwurzeltes Unbehagen, sollte eine schwarze Katze den Weg kreuzen – wenigstens dann, wenn sie von links nach rechts läuft. In anderen Teilen der Welt hingegen gelten schwarze Katzen als Glücksboten, und das nicht nur, wenn sie zufällig von rechts nach links laufen.

Auf Frida Kahlos Gemälden finden sich häufig Tiere – Affen, Papageien, Vögel. Die meisten von ihnen, und vermutlich auch Katzen, hatte sie tatsächlich um sich. In ihren Bildern werden sie aber von tiefer gehender Bedeutung sein, denn Kahlos Bilder stecken stets voller Symbolik. Das *Selbstbildnis mit Dornenhalsband* mit der schwarzen Katze auf der Schulter ist 1940, kurz nach der Scheidung von ihrem fortlaufend untreuen Mann, dem Maler Diego Rivera, entstanden; ein Jahr später sollte sie ihn ein zweites Mal heiraten. Es wäre naheliegend, dass die Katze tatsächlich für Pech und Unglück steht, zumal sie sich auf den an der dornigen Halskette hängenden toten Kolibri – ein Symbol für die erlittenen Schmerzen – zu stürzen scheint, der in Mexiko allerdings als Glücksbringer für die Liebe steht. Für die

Schmetterlinge, die Kahlos Kopf umschwirren, gibt es verschiedene Interpretationen – als Symbol für Verwandlung oder im christlichen Sinne sogar Wiederauferstehung oder für die Seele nach aztekischer Kultur. Bei dem Affen auf Kahlos rechter Schulter könnte es sich um ihren eigenen Affen mit Namen Caimito de Guayabal handeln, den ihr Rivera einst geschenkt hatte, aber auch er war vielleicht Teil ihrer Symbolsprache, gilt der Affe doch als Sinnbild für Sünde und Wollust.

Fridas Beziehung zu Diego Rivera war trotz seiner notorischen Untreue zeitlebens von großer Liebe geprägt. Er war viele Jahre älter als Frida und alles andere als ein schön anzusehender Mann – dick, mit wulstigen Lippen und hervortretenden Augen, weshalb sie ihn liebevoll ihren »Unkenfrosch« nannte. Aber das war nur die äußere Seite. Ansonsten nämlich war Rivera sinnlich, zärtlich und übte offenbar und trotz seines Äußeren eine besondere Anziehungskraft auf Frauen aus. Auch ihm zuliebe bekannte sich die Tochter eines deutschen Vaters und einer mexikanischen Mutter, die sich als Kind der Revolution fühlte, zu den Traditionen Mexikos, wurde zum »Idol der mexikanischen Mythologie« und brachte diese Verbundenheit auch äußerlich mit traditioneller Tracht und Frisur der Tehuana-Frauen und dem Schmuck der mexikanischen Ureinwohner zum Ausdruck. Sie verband die Politik – beide waren aktive Kommunisten – und natürlich die Malerei. Rivera hatte über Kahlos Bilder einmal gesagt, sie seien »beißend und zart, hart wie Stahl und so fein wie Schmetterlingsflügel, liebenswürdig wie ein schönes Lächeln und tief grausam wie die Bitternis des Lebens«. Und das hatte seinen Grund.

Frida Kahlos farbenreiche Werke mit den immer wiederkehrenden mystischen und mythischen Motiven und Symbolen wurden dem Surrealismus zugeordnet, doch sie hat sich dagegen gesträubt – sie male keine Träume oder Albträume, sondern ihr Dasein: »Sie dachten, ich sei Surrealist, aber ich war es nicht. Ich habe niemals Träume gemalt. Ich malte meine eigene Realität.« Physisches und psychisches Leid, Schmerz und Qual begleiteten ihr Leben von Kindheit an: die fehlende Mutterliebe, das Gefühl, statt geboren »aus

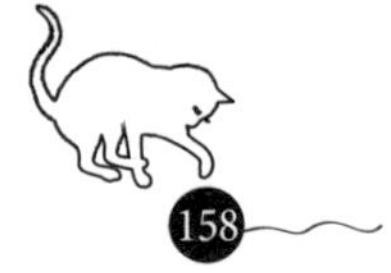

dem Müllkübel gezogen« worden zu sein, die körperliche Beeinträchtigung infolge der Kinderlähmung. Im Alter von 18 Jahren dann ein schrecklicher Busunfall, bei dem sie zahlreiche Becken- und Wirbelsäulenverletzungen und etliche Brüche erlitt, die fortan ein Leben im Gips- und Stahlkorsett, zahllose Operationen und lebenslange Schmerzen bedeuteten, die irgendwann nur noch mit Alkohol und Morphium zu ertragen sein würden, und kurz vor ihrem Tod auch noch die Amputation des rechten Unterschenkels.

Die Zeit des erzwungenen Liegens brachte für Frida Kahlo schließlich den Beginn ihrer Arbeit als Malerin. Vertrieb sie sich anfangs mithilfe einer Spezialstaffelei beim Malen die Zeit, entwickelte sich die Malerei für sie mehr und mehr zum Ventil, zum Ausdruck ihrer Auseinandersetzung mit ihrem Schicksal. Ihre über 140 Bilder, davon allein 55 Selbstbildnisse, geben Zeugnis ihrer körperlichen und seelischen Wunden, die sie erdulden musste, und oftmals verwirrt der scheinbare Widerspruch zwischen der Farbenvielfalt und dem Dargestellten. Auffallend ist ihre Schönheit, das Gesicht stets geschminkt, die markanten Augenbrauen noch zusätzlich betont, häufig große Ohrringe und im Haar oft Blumenschmuck, im Gesamteindruck eher herb als feminin. Ernst blickt Frida in ihren Selbstbildnissen dem Betrachter entgegen, und man will gerne glauben, dass es in ihrem Leben auch wenig Grund zur Freude gegeben haben mag. Doch bei allem Leid war Frida Kahlo eine starke und auch leidenschaftliche Frau, die provozierte, die Affären hatte und ihrem Schicksal trotzte: »Nichts ist für das Leben wichtiger als das Lachen. Lachen bedeutet Stärke, Selbstvergessenheit und Leichtigkeit. Tragödien sind dagegen etwas völlig Albernes.«

»Jedenfalls bin ich wie eine Katze«, hatte Frida Kahlo einst ihrem Arzt geschrieben, »mich bringt so schnell nichts um.« Bis zum 13. September 1954 sollte sie recht behalten. Vor der Casa Azul, Frida Kahlos blauem Geburts- und Sterbehaus und heutigem Museum in Coyoacán, Mexiko-Stadt, ist immer wieder eine Katze anzutreffen – sie ist übrigens weiß.

Die blaue Katze

FRANZ MARC
(1880-1916)

»Menschlicher ist er, er liebt wärmer, ausgesprochener. Zu den Tieren neigt er sich menschlich. Er überhöht sie zu sich«, schreibt Paul Klee über ihn. So wundert es nicht, dass die überwiegende Mehrzahl seiner Gemälde und Zeichnungen Tiere zum Gegenstand haben – Pferde natürlich und Rehe auch und Schweine, Schafe, Rinder, Hunde. Nicht zu vergessen: Acht seiner Gemälde und sechs seiner Zeichnungen zeigen Katzen. Eines der Bilder – die *Katze auf rotem Tuch* von 1909/1910 – markiert sogar den Beginn seiner besonderen Art des Malens mit dem intensiven Einsatz von Farbe. Ein paar Jahre zuvor hatte er Paris besucht und war auf die Bilder von van Gogh gestoßen, die ihn von da an in besonderer Weise beeinflussen sollten.

Franz Marc, geboren 1880 in München, studierte zunächst Philologie, entschied sich dann aber, dem Beruf seines Vaters zu folgen und Maler zu werden. Das Studium an der Kunstakademie jedoch war für ihn enttäuschend, vor allem nachdem sich ihm auf seiner ersten Reise nach Frankreich 1903 ganz andere Welten des Malens eröffnet hatten. Er gab die Kunstakademie auf, verließ das elterliche Haus in Pasing und richtete sich ein eigenes Atelier ein. Einfacher wurde sein Leben dadurch nicht: Auch wenn er nach und nach die Freuden des Lebens erfuhr und das Interesse so mancher Frauen weckte, musste er um Aufträge für seine Produktionen kämpfen. Wie gut, dass eine seiner Geliebten in der besseren Gesellschaft dafür sorgen konnte, dass doch das eine oder andere seiner Werke verkauft wurde. Im Jahre 1907 heiratete er dann allerdings eine andere Frau,

Marie Schnür, nur um am gleichen Tag zu einer weiteren Reise nach Frankreich aufzubrechen. Wenig verwunderlich, dass die Ehe nicht lange hielt und schon im darauffolgenden Jahr wieder geschieden wurde. Außerdem hatte er in der Zwischenzeit Maria Franck getroffen und mit ihr – wie man es damals nannte – Ehebruch begangen, was dann wiederum später einige Schwierigkeiten bei der nächsten Heirat bereitete.

Diese Reise nach Frankreich, nach Paris, in die Bretagne und die Normandie, hatte auch sonst weitreichende Konsequenzen für Marc. Er hatte für sich eine neue Philosophie des Malens entwickelt, die er als die »Animalisierung der Kunst« bezeichnete – und welche dazu führte, dass von nun an überwiegend die Darstellung von Tieren im Mittelpunkt seiner Arbeiten stand. Aber die Auswahl der Sujets war gar nicht das Wichtigste dabei: Ihm ging es darum, der Verlebendigung der Kunst näherzukommen. Sein Malstil veränderte sich, er malte nun schwingende Linien, die abgebildeten Formen der Tiere sind verallgemeinert und abstrahiert. Es sind vereinfachte Tierkörper, gleichwohl voller Kraft und Schönheit. Marc suchte nach einer »spirituellen Durchdringung der Welt« und wollte daraus »die künstlerischen Mittel so entwickeln, dass im Bild die Einheit des Seins sichtbar wurde«. Das wiederum bedeutete, dass vor allem die Tiere in einer größten Natürlichkeit von Haltung und Bewegung gezeigt wurden, andererseits aber auch konzentriert auf das Wesentliche. In seinen eigenen Worten: »Ich sehe kein glücklicheres Mittel zur ›Animalisierung der Kunst‹ als das Tierbild. Darum greife ich danach. Was wir anstreben, könnte man eine Animalisierung des Kunstempfindens nennen«, schreibt er in einem Brief an seinen Freund Reinhard Piper.

1911 trennte sich Marc von der Neuen Künstlervereinigung München, zu deren Vorstand er gehört hatte, weil die Mehrheit der Mitglieder ein Bild Kandinskys nicht für eine Ausstellung akzeptieren wollte, da es zu groß war. Die beiden gründeten umgehend die

Redaktionsgemeinschaft Der Blaue Reiter und gaben 1912 einen Almanach heraus, der allerdings der einzige seiner Art bleiben sollte. Erfolgreicher waren sie damit, eine Reihe von Ausstellungen zu organisieren, die zunächst in München, dann aber auch in Berlin und Köln gezeigt wurden. Neben Marc, der dafür *Die gelbe Kuh* beisteuerte, waren Wassily Kandinsky, Henri Rousseau, Heinrich Campendonk und August Macke vertreten. Eine zweite Ausstellung umfasste dann Werke von Hans Arp, Georges Braque, Paul Klee, Kasimir Malewitsch und Pablo Picasso – im Grunde alle, die in der zeitgenössischen Kunst Rang und Namen hatten. Dass man für das Projekt die Farbe Blau gewählt hatte, begründete Kandinsky so: »Je tiefer das Blau wird, desto tiefer ruft es den Menschen in das Unendliche, weckt in ihm die Sehnsucht nach Reinem und schließlich Übersinnlichem. Es ist die Farbe des Himmels.«

Franz Marc hatte einen sehr intensiven Zugang zur Musik; mit Arnold Schönberg, der auch Bilder für den Blauen Reiter beigesteuert hatte, war er sein Leben lang befreundet. In seinen Bildern ging es daher auch um Rhythmus, und zwar um die gemeinsamen Rhythmen, durch die sich Tier und Natur miteinander verbinden. Wer diesen Rhythmus versteht, der kann auch hinter die individuellen Masken der Wesen blicken, der begreift das Geistige in der Welt, nicht zuletzt in der Verschmelzung gerade der Tiere mit der sie umgebenden Umwelt. Die Tiere sind eins mit der Natur, und in glücklichen Momenten ist es auch der Betrachter. Die Welt, in der wir tagaus, tagein leben, ist hingegen beschmutzt und unerlöst durch zu viel an Ablenkung und Lärm. Für Marc war es daher die notwendige Konsequenz, aus dieser Welt in die Einsamkeit und Idylle zu fliehen. 1914 zog er sich endgültig von München nach Kochel am See zurück. Er kaufte zu seinem neuen Haus auch noch ein weiteres Stück Land hinzu, um seinen ebenfalls erworbenen Rehen ein Gehege bauen zu können. Aber zum glücklichen Leben auf dem Land kam es nicht mehr: Schon im August 1914 wurde Marc einberufen, zog in den Krieg und starb 1916 auf einem Patrouillenritt nahe Verdun.

Die Tiere also in ihrer Einheit mit der Natur abzubilden, damit auch der Betrachter einen Zugang zum Geistigen der Welt erhalte – das ist Marc zweifellos gelungen. »Er war der«, schreibt die Dichterin Else Lasker-Schüler in ihrem Nachruf auf Franz Marc, »welcher die Tiere noch reden hörte; und er verklärte ihre unverstandenen Seelen.« *Der Turm der blauen Pferde* von 1913 zeigt die gespannte Aufmerksamkeit der drei Tiere mit ihrem Blick nach links. In der Nazizeit galten Marcs Werke als »entartete Kunst«, was Hermann Göring jedoch nicht daran hinderte, sie 1937 für seinen Privatbesitz zu reklamieren. Leider ist das Bild seit 1945 verschollen, sei es zerstört, in einem Banksafe oder als Beutekunst verschleppt, man weiß es nicht, auch wenn immer wieder neue Gerüchte über den Verbleib durch die Medien geistern.

Marcs Katzenbilder jedoch zeigen eine ganz andere Art von Einheit zwischen Natur und der sie umgebenden Umwelt. Marc hat überwiegend schlafende, zumindest in sich ruhende Katzen gemalt. Es sind wohlgenährte Katzen, weiß, gelb, grau, blau. Obwohl wir nichts darüber wissen, können wir wohl davon ausgehen, dass sie in Marcs Haushalt gelebt haben. Sie liegen auf Tüchern, Kissen oder in den Armen einer Frau, sie sind völlig entspannt, als könne nichts und niemand ihr Dasein stören. Sie putzen sich, schmiegen sich aneinander oder kauern keck hinter einem Baum. Auf einem Bild – *Drei Tiere (Hund, Fuchs und Katze)* von 1912 – sitzt eben jene grau getigerte Katze am rechten Bildrand, während der weiße Hund aufmerksam irgendetwas zu erschnüffeln scheint, was die Katze aber nicht weiter interessiert. Mit halb geschlossenen Augen sieht sie dem Hund eher amüsiert zu. Tatsächlich sind die Katzen in Marcs Bildern zufrieden und eins mit sich und ihrer Welt, ein Zustand, den der Mensch in nur seltenen Momenten der Glückseligkeit erreicht. Sie fordern nichts, haben aber auch nichts zu befürchten. Wenn man so etwas wie Harmonie darstellen und als Betrachter erleben kann, dann in den Bildern und Zeichnungen, die Franz Marc von Katzen geschaffen hat.

Die Katze, die vom Vogel träumt

PAUL KLEE
(1879-1940)

Er hieß Bimbo, der weiße Angorakater, der Paul Klee in dessen letzten Lebensjahren überallhin begleitete. Er war einer von zwischenzeitlich 20 Katzen, die bei Familie Klee lebten – und das ist eine eher konservative Schätzung. Aber egal ob Mietz oder Nuggeli, Chuzli oder Chrütli, Züsi oder Nutz – Bimbo, der »Weiße Engel«, war und blieb Klees Favorit. »Klees haben einen ganz weißen Angorakater«, schrieb der Maler Ernst Ludwig Kirchner 1934 nach einem Besuch, »verschnitten, der ebenso verwöhnt ist wie Schacky [der Kater Kirchners], aber wie ein Bauernlümmel dagegen wirkt. Klee ist sehr zärtlich zu ihm und schleppt ihn überall herum«. Tatsächlich war Bimbo bereits 1934 mit der Familie Klee aus Düsseldorf in die Schweiz gekommen und wich nicht mehr von ihrer Seite; als man Ferien in einem Haus in Ascona machte, fuhr Bimbo selbstverständlich mit.

Klees Leidenschaft für Katzen war früh entwickelt; 1908, noch in München, antwortet er auf die Frage, wer er gerne sein möchte, lapidar: »Katze bei mir«. Und tatsächlich hat sich Klee liebevoll um seine Katzen gekümmert. Ganz vernarrt war er aber in Bimbo, der sich oft auf die noch feuchten Aquarelle legte und nicht weichen wollte. Es hat Klee offenbar nicht weiter gestört. Vielleicht, so mag man mutmaßen, haben daher die Bilder Klees ihren besonderen Reiz. Gemalt hat er die Katzen gar nicht so häufig, eher schon Unmengen von Fotos gemacht. Man hat sie unlängst bei Durchstöbern des fotografischen Nachlasses gefunden, aber immer noch nicht die Zeit gehabt, sie einer umfassenden Inventur zu unterziehen. Manche davon sind

verschwommene Momentaufnahmen, andere lassen einen ziemlichen Arbeitsaufwand vermuten, ging es doch darum, die Katzen von ihrer besten Seite zu dokumentieren. Schon 1902 gibt es eine Aufnahme der dunklen Langhaarkatze namens Lys, der ebenfalls langhaarige Kater Nuggi wird 1905 fotografiert, und 1921 ist es dann der gestreifte Tabby Fritzi.

Geboren wurde Paul Klee 1879 als Sohn deutscher Eltern in der Nähe von Bern. Der Vater war Musiklehrer, die Mutter Sängerin, und so lag es für sie nahe, dass auch der Sohn Musiker werden sollte. Der war zwar begabt (einige Jahre später konnte er noch seinen Lebensunterhalt als Geiger in einem Orchester verdienen), aber er hatte schon früh zu zeichnen angefangen, und ganz offensichtlich machte ihm das deutlich mehr Spaß. Außerdem, so erzählt man sich, konnte er mit der »modernen«, zeitgenössischen Musik jener Jahre nicht viel anfangen und hielt den Höhepunkt des musikalischen Schaffens für bereits überschritten. In der Malerei allerdings gab es für Klee noch einiges zu tun, und so zog er 1898, nach seinem Abitur, nach München, um Kunst zu studieren. Zwar bezog er schon früh ein eigenes Atelier, kehrte aber 1902 in sein Elternhaus nach Bern zurück, weil die Malerei noch nicht genügend einbrachte.

1906 ging Klee jedoch wieder nach München und heiratete die Pianistin Lily Stumpf, die er einige Jahre zuvor in Berlin kennengelernt hatte und mit der er sein ganzes Leben zusammenbleiben sollte. München war in jenen Jahren vor dem Ersten Weltkrieg eine pulsierende Kunststadt. Immer neue Gruppen von Malern sagten sich von den traditionellen Malschulen los, gründeten eigene Vereinigungen, stritten sich und trennten sich wieder; eine »Sezession« folgte auf die andere. 1911 schloss sich Klee auf Vermittlung von Alfred Kubin und Wassily Kandinsky der Redaktionsgemeinschaft Der Blaue Reiter an, arbeitete am Almanach mit, blieb aber letztlich doch für sich selbst. Und so war er dann zwar nicht in der ersten, aber wenigstens in der zweiten Ausstellung mit 17 grafischen Arbeiten vertreten. Viel bedeut-

samer für Klees künstlerische Entwicklung wurde jedoch seine berühmte Tunisreise, die er im Frühjahr 1914 gemeinsam mit August Macke und dem Schweizer Maler Louis Moilliet unternahm. Klee war von Licht und Farben im Morgenland fasziniert. In sein Tagebuch schreibt er: »Die Sonne von einer finsteren Kraft. Die farbige Klarheit am Lande verheißungsvoll. Macke spürt das auch. Wir wissen beide, dass wir hier gut arbeiten werden.« Es entstehen die farbintensiven, flächigen Bilder von Kairouan und Hammamet.

Auch Klee wird nach Beginn des Ersten Weltkrieges eingezogen, hat aber das Glück, vom Dienst an der Front verschont zu bleiben. Sogar der Malerei konnte er sich an der Fliegerschule in Gersthofen weiter widmen. Mit seinem Sohn Felix führt er eine rege Korrespondenz und vergisst darin auch nicht, die aktuelle Katzenhorde lieb zu grüßen: »mit Pfotendruck« oder »kaltnassen Nasenküssen«. Die Katzen werden es wohl zu schätzen gewusst haben. 1919 wird Klee Mitglied der Räteregierung in München, muss aber bald schon nach Zürich fliehen. Dort trifft er auf die Dada-Gruppe mit Hans Arp, Tristan Tzara und Hans Richter. Viel kam dabei allerdings nicht heraus, auch nicht später nach einem Treffen mit den Surrealisten in Paris. Max Ernst war zwar begeistert, André Breton jedoch hielt nicht viel von ihm, weil Klee dann letztlich doch nicht der »Träumer« war, den man in ihm sehen wollte. Immerhin war Klee zu diesem Zeitpunkt in der Mitte der 1920er-Jahre bereits Professor am Bauhaus.

Dorthin war er 1920 berufen worden, zunächst als Werkstattmeister für Buchbinderei, später für Gold-, Silber- und Kupferschmiede, dann auch noch für Glasmalerei. Allmählich werden Klees Arbeiten international bekannt: 1924 findet eine Einzelausstellung in New York statt, 1925 folgt Paris. Inzwischen war das Bauhaus von Weimar nach Dessau gezogen, nachdem eine neue Regierung in Thüringen das Budget um die Hälfte gekürzt hatte. Auch Klee ging mit und wohnte fortan in einem Doppelhaus, entworfen von Walter Gropius, mit Kandinsky in der anderen Hälfte. Das politische Umfeld blieb jedoch auch am neuen Standort nicht einfach: vor allem an der Frage,

ob und wie sehr man mit der Industrie zusammenarbeiten solle, entzündete sich erheblicher Streit. Klee konnte mit der Formel »Volksbedarf statt Luxusbedarf« wenig anfangen und auch nicht mit der Konzentration auf Architektur und Design.

In dieser Zeit, um 1928, malt Klee allerdings sein wohl berühmtestes Katzengemälde: *Katze und Vogel*, ein eher kleinformatiges Bild, das heute zum Museum of Modern Art in New York gehört. Was man sieht, ist ein Katzenkopf, zwischen dessen Augen, hinter der Stirn, sich ein Vogel befindet. Das Bild ist sehr farbenfroh, im Grund abstrakt, aber doch vom Betrachter durchaus erkennbar. Die Katze schaut direkt und intensiv aus dem Bild heraus, hat eine hypnotisierende Wirkung. Und sie scheint gerade in diesem Augenblick von jenem Vogel zu träumen, der sich in ihre Sinne eingeprägt hat. Natürlich ist man sofort geneigt anzunehmen, dass die Katze an nichts anderes als an Jagd und Beute denkt, aber so einfach ist es für Klee nicht. »Es gibt«, sagt er, »Katzen, deren Blicke wie verschlossene Blüten sind.« Und diese Katzen sind für ihn »Wesen, die man nur indirekt verstehen kann«. Und genau das versucht er dann noch einmal in einem Gedicht zu beschreiben:

> In Herzens Mitte
> als einzige Bitte
> verhallende Schritte
> von der Katze ein Stück:
> ihr Ohr löffelt Schall
> ihr Fuß nimmt Lauf
> ihr Blick
> brennt dünn und dick
> vor ihrem Antlitz kein Zurück
> schön wie die Blume
> doch voller Waffen
> und hat im Grunde *nichts* mit uns zu schaffen.

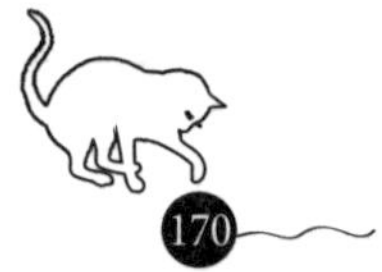

1923 hatte er bereits das Bild *Der Berg der Heiligen Katze* gemalt, in dessen Mittelpunkt eine riesige weiße Katze abgebildet ist. Unten stehen, deutlich kleiner, zwei Menschen, eine Frau und ein Mann. Nicht sie, sondern die Katze beherrscht das Bild und damit die Welt. Wer selbst mit Katzen lebt, weiß, was Klee damit ausdrücken wollte.

1931 kehrt Klee dem Bauhaus den Rücken und nimmt eine Professur an der Kunstakademie in Düsseldorf an. Ende 1933 allerdings, nach wachsendem Druck der Nationalsozialisten, entschließt er sich, in die Schweiz zurückzukehren. Auch dort macht man es ihm nicht leicht und verweigert ihm die Schweizer Staatsbürgerschaft, weil sein Vater vergessen hat, die Familie rechtzeitig einbürgern zu lassen. 1935 schließlich erkrankt Klee, und man diagnostiziert Sklerodermie, eine damals kaum erforschte Krankheit, die zur Verhärtung der Haut und manchmal auch der inneren Organe führt. Diese Erkrankung macht es ihm schwer, weiterhin künstlerisch zu arbeiten, auch wenn er sich durch Improvisation und geeignete Malgeräte zu helfen weiß. 1940 verschlechtert sich jedoch sein Gesundheitszustand rapide, und er tritt einen Kuraufenthalt in einem Sanatorium in Lugano an. Nur ein paar Wochen später stirbt Paul Klee. Was aus dem Kater Bimbo wurde, weiß man nicht.

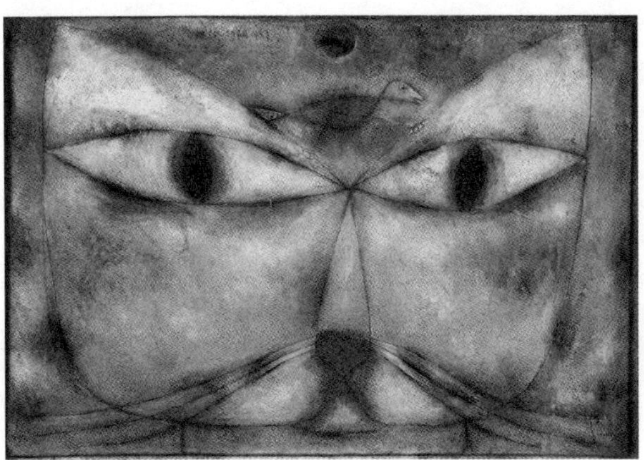

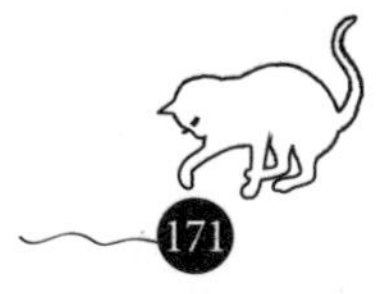

Der Name der Katze

T.S. ELIOT
(1888-1965)

»Welcher Träger des Nobelpreises für Literatur«, so könnte eine Frage in einem TV-Quiz lauten, »hat auch mit einem Musical große Erfolge gehabt?« – Nein, hier ist die Rede nicht von Rudyard Kipling und seinem *Dschungelbuch*, sondern von Thomas Stearns Eliot und seinem *Old Possum's Book of Practical Cats*, das seit 1981 unter dem simplen Titel *Cats* überall auf der Welt und immer wieder aufgeführt wird. Dabei war es gar nicht so einfach gewesen, aus den 15 Gedichten Eliots, die eigentlich keine zusammenhängende Geschichte erzählen, in eine einigermaßen schlüssige Dramaturgie zu übersetzen, was auch nur gelang, als Trevor Nunn, der Dramaturg, einen emotionalen Höhepunkt mit dem Lied »Memory« setzte. Gesungen von Grizabella, einer ehemaligen Glamour-Katze, ist das Lied ein nostalgischer Rückblick auf bessere Zeiten und formuliert die Hoffnung auf den Beginn eines neuen Lebens.

Aber nicht für *Old Possum* hat T.S. Eliot 1948 den Nobelpreis für Literatur enthalten. Denn eigentlich sind diese Katzengedichte eine Ausnahme in Eliots Gedichten. Bekannt geworden war er 1922 mit der Veröffentlichung des Gedichtzyklus *The Waste Land* (dt. *Das wüste Land*), der die Vereinzelung und die Leere des Menschen in der Moderne anspricht. In den Überschriften der fünf Kapitel wird die Stimmung deutlich; da geht es um das »Totenamt«, um den »Nassen Tod« oder das, »Was der Donner sagte«. Es ist ein schwieriges und verschlüsseltes Werk, es geht um die Suche nach dem Heiligen Gral und um den Fischerkönig, den letzten Hüter des Grals. Verwoben

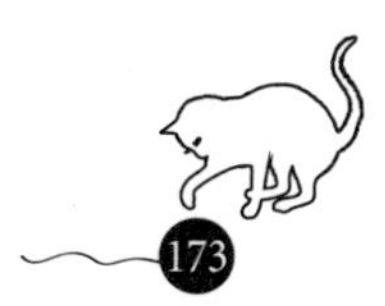

darin sind christliche Traditionen und Bilder wie solche aus dem Buddhismus und Hinduismus. Personen, Ort und Zeit wechseln abrupt, sodass sich der Leser immer wieder aufs Neue zurechtfinden muss. Aber Eliot selbst bestand darauf, »dass es schwierig sein muss, sich den Dichtern in unserer gegenwärtigen Zivilisation zu nähern«. Es ist wohl eher kein Zufall, dass *The Waste Land* im gleichen Jahr erschien wie James Joyces *Ulysses*. Aber Eliot begründete damit jedenfalls seinen Ruf als einer der bedeutendsten Vertreter der literarischen Moderne. 1948 würdigte man ihn im Rahmen der Verleihung des Nobelpreises für Literatur »für seine bemerkenswerte Leistung als Bahnbrecher in der heutigen Poesie«.

Tatsächlich war Eliot 1888 in St.Louis, Missouri, geboren worden. Er studierte erst in Harvard und später an der Sorbonne und ließ sich 1914 in England nieder. Von da an tat er alles, um so englisch wie möglich zu werden. Er übernahm den englischen Akzent und trat schließlich sogar in die anglikanische Kirche ein. Und er schrieb einen ausführlichen Leserbrief an die *Times*, in dem es einzig um »Stilton Cheese«, den englischen Schimmelkäse geht. Auch sein Äußeres entsprach dem, was man sich unter einem wahren »Englishman« vorstellt. Ein »pastoraler Gesichtsausdruck«, »finstere Stirn«, »spitzverzogener Mund«, »Wortkargheit«, »Pedanterie« – so beschreibt er sich selbst und fügt hinzu, dass er niemand sei, den man gerne kennenlernen wolle. Er verweigert Interviews, und selbst wenn man ihn in seiner Funktion als Direktor des Verlags Faber and Faber ansprechen will, wird man auf die einschlägigen Pressemeldungen verwiesen. Kein Wunder, dass Hugh Kenner seine Eliot-Biografie von 1959 mit *The Invisible Poet* betitelt. »Possum« übrigens war Eliots Spitzname, den der amerikanische Schriftsteller Ezra Pound ihm gegeben hatte – und darin klingt die englische Redewendung *to play the possum* an, »sich tot stellen«.

Für Katzen hatte Eliot schon seit frühester Jugend ein großes Faible. Was ihm im Laufe der Zeit besonders auffiel, waren die Unter-

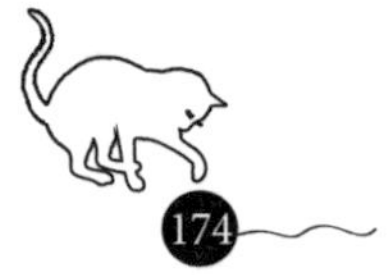

schiede, die sich in den Charakteren der Tiere zeigten. Entsprechend haben dann auch die 15 Katzen, die uns in *The Old Possum's Book of Practical Cats* begegnen, sehr verschiedene Verhaltensweisen, Vorlieben und Abneigungen. In Eliots Leben gibt es viele, viele Katzen, und sie haben sehr sonderbare Namen: Zunächst gibt es noch ganz einfach einen George, dann aber kommen Wiscus, Pushdragon oder Pettipaws. Und auch in *Old Possum's Book* haben sie absonderliche Namen: Gumbie Cat, Growltiger, Rum Rum Tugger, Mungojerrie und Rumpelteazer, Old Deuteronomy, Mr. Mistofelees oder Gus, der aber eigentlich Asparagus heißt, was laut Eliot aber schwierig auszusprechen sei, sodass man es besser bei der Kurzform belässt. Schließlich finden sich noch Bustopher Jones, Macavity, Skimbleshanks und Cat Morgan. Erich Kästner und Carl Zuckmayer, die sich der Mühe unterzogen haben, *Old Possum's Book* mit all seinen Anspielungen und Wortwitzen ins Deutsche zu übersetzen, haben dann Namen gefunden wie: Katzastrophal, Lady Knirschebein, Grimmtiger, Feuerfurzfickel, Tupfentapfenschecken oder Schleckerja.

Eigentlich wollte Eliot ein Buch über Hunde und Katzen schreiben, und es war auch schon recht weit gediehen, mit dem wunderschönen Ende, dass sich alle gemeinsam mit einem Ballon auf und davon in die Wolken und in ein besseres Leben machen. Dann jedoch findet er, dass eine solche Zusammenstellung eine Zurücksetzung gegenüber den Katzen sei, und damit verschwinden die Hunde fast wieder aus Eliots Werk. Im *Old Possum's Book* schreibt er über Hunde: »Hunde tun so, als kämpften sie gern; sie bellen oft, aber sie beißen selten, und doch ist der Hund als solcher, was man als eine einfache Seele bezeichnen würde.« Und weiter: »Der gewöhnliche Hund in der Stadt neigt dazu, den Clown zu spielen. Und weit davon entfernt zu viel Stolz zu zeigen, ist sehr oft würdelos.« Katzen hingegen sind völlig anders, es gilt nämlich eine Regel: »Sprich nicht, bevor du nicht angesprochen wirst.« Katzen lehnen eine jegliche Art von Aufdringlichkeit ab; man muss schon seine Wertschätzung deutlich zeigen, vielleicht mit so etwas wie einer Schale voller Sahne. Und

ihnen dann ab und zu etwas Kaviar anbieten oder ein wenig Huhn oder Pastete aus Kaninchen oder Lachs. »Eine Katze hat sicherlich ihren eigenen Geschmack.« Ja, erzählt Eliot, dass er einmal eine Katze kannte, die nichts anderes als Kaninchen aß und sich nachher die Pfoten leckte, um bloß nichts von der Zwiebelsoße zu verschwenden. Jedenfalls, so meint Eliot: »Eine Katze hat das Recht darauf, solche Äußerungen von Respekt zu erhalten.«

Besonders wichtig aber sind die Namen der Katze. Schon im ersten Gedicht, *The Naming of Cats*, geht Eliot ausführlich darauf ein. Katzen, so sagt er, haben drei Namen. Als Erstes gebe es den Namen, den die Katze von der menschlichen Familie erhalten habe – Peter, Augustus, Alonzo oder wie auch immer. Dieser Name ist nicht unwichtig, taucht er doch in all den »offiziellen Dokumenten« auf, vom Tierarzt bis zur Versicherung. Und daher sollte man sich durchaus ein wenig Mühe mit der Namensgebung machen und vielleicht so etwas wie Plato, Admetus, Elektra oder Demeter aussuchen. Dann aber gibt es laut Eliot einen zweiten Namen der Katze: eigentümlicher, gediegener, würdevoller. Dann, erst dann kann die Katze ihren Schwanz mit Stolz in die Höhe recken oder ihren Schnurrbart strecken. Und sogleich hat Eliot auch Vorschläge: Munkustrap, Quaxo, Coricopat, Bombalurina oder Jellylorum. Und schließlich ist da noch der dritte Name der Katze, den nur sie selbst kennt, den wir nie erraten werden und den auch die Forschung nicht entdecken kann. Wenn man also eine Katze in tiefer Meditation bemerkt, dann gibt es dafür immer den gleichen Grund: Sie ist versunken in andachtsvollem Nachdenken – »in Gedanken, in Gedanken, in Gedanken über ihren Namen, ihren unaussprechlichen, aussprechlichen, ihren tiefen, unergründlichen Namen«.

Geschrieben hat Eliot das *Old Possum's Book of Cats* für seine Patenkinder, denn er selbst hatte keine Nachfahren. Seine erste Ehe scheiterte irgendwann an der psychischen Krankheit seiner Frau,

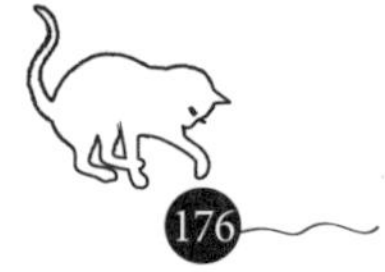

Vivienne Haigh-Wood Eliot. Nach einer längeren Beziehung mit Mary Trevelyan heiratete er schließlich 1957 seine fast 40 Jahre jüngere Sekretärin Esmé Valerie Fletcher. Sie war es dann auch, die bis zu ihrem Tod 2012 Eliots Erbe verwaltete und Andrew Lloyd Webber die Rechte überließ. Eliot selbst starb 1965 an einem Lungenemphysem. Auf seinem Grab in der Ortschaft East Coker stehen die Worte aus einem seiner Gedichte: »In meinem Anfang ist mein Ende. In meinem Ende ist mein Anfang.«

Das Katzperlenspiel

HERMANN HESSE
(1877-1962)

Wenn es für Hermann Hesse schon so etwas wie ein Idyll in dieser Welt geben mochte, dann ein Haus mit Garten, Kindern, einer Frau und – mindestens zwei Katzen. Dieser Überzeugung war er bereits 1904, als er mit seiner ersten Frau Maria Bernoulli in Gaienhofen am Bodensee lebte, in einem Haus ohne fließendes Wasser und Strom. Was aber den »letzten Ritter aus dem glanzvollen Zuge der Romantik«, wie sein Freund und Biograf Hugo Ball ihn nannte, kaum zu stören schien. Hesse hielt ohnehin nicht besonders viel von den Errungenschaften der modernen Technik, das Automobil lehnte er rundweg ab, allenfalls den Zeppelin und das Flugzeug ließ er gelten und war ansonsten davon überzeugt, dass der »Sturz einer morschen Zivilisation« nahe sei. Im *Glasperlenspiel*, dem letzten seiner Romane, schreibt er vom »Symptom des Entsetzens, das den Geist befiel, als er sich am Ende einer Epoche scheinbaren Siegens und Gedeihens plötzlich dem Nichts gegenüber fand«. Der Welt der Technik und des Kapitals, von der er sich so fern wie möglich zu halten suchte, stellte er sein »Reich des Geistes und Seele« gegenüber. Und obwohl so manches davon geprägt ist von den Zeiten des Krieges und der Zerstörung, fand diese Haltung in den späten 1960er-Jahren eine neue Rezeption, vor allem in den USA, wo *Der Steppenwolf* plötzlich und unerwartet ein Millionenpublikum erreichte – nicht zuletzt, weil eine Rockband unter diesem Namen große Erfolge feierte.

1946 erhält Hermann Hesse den Nobelpreis für Literatur, der sein Werk »ohne öffentliches Wohlwollen erschaffen hat«. Gleich-

wohl sei er »der beste Repräsentant des deutschen kulturellen Erbes in der Gegenwart«. Besonders das *Glasperlenspiel* wird gelobt: »in einer Epoche des Zusammenbruches ist es eine wertvolle Aufgabe, die kulturelle Tradition zu bewahren«. Man ehre in ihm einen Mann, »der in einer tragischen Zeit erfolgreich die Waffen des Humanismus getragen hat«. Aber nicht nur das *Glasperlenspiel*, sondern eben auch Werke wie *Peter Camenzind* (1904), *Knulp. Drei Geschichten aus dem Leben Knulps* (1915), *Demian. Die Geschichte einer Jugend* (1919, mit deutlichen autobiografischen Anklängen), *Siddartha. Eine indische Dichtung* (1922), *Der Steppenwolf* (1927) oder *Narziß und Goldmund* (1930) haben ihren Teil zur Verleihung des Nobelpreises für Literatur beigetragen.

Diese Ehrung hielt aber in Deutschland selbst kaum jemand davon ab, Hesse und sein Werk einer zum Teil rüden Kritik zu unterziehen. Zwar fühlten sich manche bei ihm in ihrem Bedürfnis nach einer geistigen und moralischen Neuorientierung wohl aufgehoben, andere hingegen sahen darin eher epigonale und kitschige Literatur. Es war die Rede von »völliger Niveaulosigkeit«, »bedauerlicher Disziplinlosigkeit« und »literarischer Barbarei«. Hesse selbst ließ sich auf solche Debatten nicht ein; wenn überhaupt, dann pflegte er mit freundlichen und eher verständnisvollen Worten zu reagieren. Als aber endlich die Welle aus den USA auch nach Deutschland schwappte, wurde es wieder interessant und modern, sich mit Hesses Werk zu befassen. Vor allem auf sein Gedicht *Stufen* von 1941 und wieder verwendet im *Glasperlenspiel* wird heute noch bei allen nur denkbaren Gelegenheiten Bezug genommen; die Zeile »Jedem Anfang wohnt ein Zauber inne« ist inzwischen ein geflügeltes Wort geworden, dem man kaum entgehen kann.

Geboren 1877 als Kind einer Familie von Predigern und Missionaren in Calw und nach einer eher wechselhaften Kindheit und Jugend an mancherlei Orten und Schulen zog Hermann Hesse 1919 ins Tessin, in das Dorf Montagnola, südlich von Lugano. Ab 1931 schließlich,

inzwischen zum dritten Mal verheiratet, nun mit Ninon Dolbin, wohnt er bis zu seinem Tod 1962 dort in einem eigenen Haus, der Casa Hesse. Es wurde wieder zu seinem Idyll, und so durften auch die Katzen nicht fehlen. Schneeweiß hießen sie oder Zürcher, Löwe und Zwinkler. »Manchmal«, so schrieb er, »kommt lautlos durch die Dschungel des Gartens und Weinbergs Löwe gegangen, unser Kater, mein Freund, mein Brüderchen. Zärtlich miaut er, reibt den gesenkten Kopf an mir, blickt flehend und wirft sich mit gelösten Gliedern zu Boden, zeigt Bauch mir und Kehle, die er stets schneeweiß trägt, und fordert zum Spielen heraus mich … Andere Male grüßt er nur kurz im Vorbeischlich, ist gedankenvoll, hat im Walde zu tun und verschwindet mit dem vornehmen Gang, der Siamesin Sohn, unser Löwe.«

Allerdings musste man sorgfältig auf die Katzen achten, denn sie befanden sich in steter Gefahr. Das Tessin der 1930er-Jahre war bettelarm, die einsamen Täler abgeschnitten vom Reichtum der Schweizer Metropolen wie Basel oder Zürich. Von Tourismus war ebenso wenig die Rede wie von der Möglichkeit, sein Geld in Koffern aus Italien nach Lugano zu schaffen. Wenn im Winter die Alpenpässe geschlossen blieben, war das Tessin von der übrigen Schweiz isoliert. Die Landwirtschaft schuf wenige, schlecht bezahlte und unsichere Arbeitsplätze. Viele Menschen lebten in prekären Verhältnissen. Ihnen blieb kaum etwas anderes übrig, als sich von dem zu ernähren, was ihnen über den Weg lief. Und dazu gehörten bedauerlicherweise eben auch Katzen, vor allem solche, die gut genährt waren. Zusammen mit dem auch in Norditalien beliebten Maisbrei Polenta wurden sie zu »Gatto e Polenta« verarbeitet. »Cuore mio!«, schrieb Hesse in einem Brief, »erstens habe ich vergessen, Dir von meiner Katze zu berichten. Also sie lebt noch, war inzwischen bei Natalina (deren eigene, fette Katze zum Essen gestohlen wurde) und ist immer noch ganz unverändert, klein, struppig und scheu wie ein Waldteufel.« Kein Wunder also, dass sich die Familie Hesse alle Mühe gab, ihre Katzen klein und schlank zu halten. Und wer sich bislang gefragt hat,

weshalb der Bildhauer Alberto Giacometti, der aus einem kleinen Dorf im Tessin stammte, eine spindeldürre Katze modelliert hat, obwohl er doch selbst ein recht rundliches Exemplar besaß, mag hierin eine Antwort finden.

Später dann, in den 1950er-Jahren, als es auch mit dem Tessin wirtschaftlich allmählich aufwärtsging, konnten die Hesses endlich ihre Katzen so ernähren, wie sie es wohl immer schon gewollt hatten. Aus dem Jahre 1957 stammen genaueste Anweisungen an eine Freundin, wie der Kater Porphy (Hesses letzte Katze) zu versorgen ist: »Jetzt zuerst das Wichtigste: PORPHY: Er bekommt wirklich und in der Tat vier Mahlzeiten, aber ich glaube, er frisst nur dreimal. Das Wichtigste und Pünktlichste ist das Mittagessen. Da bekommt er Suppe, das liebt er, und zwar unsere Suppe, wenn's nicht gerade Tomatensuppe ist, und dazu rohe Lunge, die man regelmäßig beim Metzger bestellt, wenn man das Fleisch für uns bestellt … Das Zweitwichtigste ist ihm die Merenda: Brotstückchen mit Cenovis bestrichen und dazu lauwarme Milch (separat). Abends: Brot und Käse und Milch, und früh.« Man muss hinzufügen, dass es sich bei der »Merenda« um das Abendbrot handelt und bei »Cenovis« um einen besonders in der Schweiz beliebten eiweißreichen Brotaufstrich auf der Basis von Nährhefe.

Ninon Hesse, die ihren Mann nur um vier Jahre überlebte, war von Katzen ebenso begeistert. Sie schreibt eine Kurzgeschichte unter dem Titel *Das unbegreifliche Leben der Menschen. Forschungen eines Katers.* Zum großen Bedauern aller wird diese Geschichte zwar im Schweizerischen Literaturarchiv aufbewahrt, ist aber bislang (2018) nicht publiziert worden. Und das ist ein literarischer, man kann auch sagen: kultureller Verlust, denn gerne hätte man an den Ergebnissen dieser Forschungen teilgehabt.

Nur die Katze war Zeuge

PATRICIA HIGHSMITH
(1921–1995)

Eine klassische Geschichte von Liebe und Eifersucht: »Auf der ganzen Welt konnte er nur Elaine leiden. Elaine liebte und verstand ihn.« Aber plötzlich taucht ein Nebenbuhler, ein Eindringling auf, der ständig anwesend ist, und natürlich »gefiel es ihm nicht, wie Teddie ihn beäugte, wenn Elaine nicht zusah«. Die Geschichte spitzt sich zu und entwickelt sich zum Krimi – der Eindringling, ebenso eifersüchtig, versucht, ihn zu beseitigen, wird aber von Elaine in letzter Minute überrascht und gibt sich sogar als sein Lebensretter aus: »Er ist von Bord gefallen!« Als er später entdecken wird, wie Teddie seine geliebte Elaine bestiehlt, muss er handeln. Ein Kampf entbrennt, und am Ende stürzen beide, Teddie und er, die Treppe hinab. Teddie ist tot. Er aber »atmete mit erhobener Nase den betäubenden Duft seines Sieges ein«, bleibt ungeschoren und hat schließlich Elaine wieder für sich allein: »O Ming – Ming, sagte sie. Ming hörte den Klang der Liebe.«

Auch in dieser Geschichte von Patricia Highsmith geht es weniger darum, wer das Verbrechen begangen hat und ob er zur Verantwortung gezogen wird, sondern darum, warum jemand zum Täter wird. Highsmith hatte eine »klammheimliche Sympathie für Missetäter«. Daran dürfte, wer den *Talentierten Mr. Ripley* gelesen hat, keinen Zweifel haben. In diesem 1955 erschienenen und 1960 erstmalig unter dem Titel *Nur die Sonne war Zeuge* verfilmten Kriminalroman begeht der junge Tom Ripley einen Mord, um in die Identität seines Opfers zu schlüpfen und fortan eine Reihe weiterer Verbrechen zu verüben, um die erste Tat zu vertuschen. Am Ende bleibt er unentdeckt.

Wie in manch einer Kriminalgeschichte von Patricia Highsmith verspürt man auch in der Geschichte von Ming eine gewisse Sympathie für den Täter. Aber Ming ist nicht Tom Ripley – Ming ist ein Kater. Denn nicht nur den menschlichen Missetätern galt Highsmiths Sympathie, sondern auch den Tieren, vor allem wenn sie sich an den Zweibeinern rächten, die sie schlecht behandelt und gequält hatten.

Für Patricia Highsmith, die neben Literatur auch Zoologie studiert hatte, waren Katzen lebenslang Begleiter und ihr offenbar manchesmal näher als die Menschen. »Katzen verschaffen Schriftstellern etwas«, stellte sie fest, »was menschliche Gesellschaft ihnen nicht geben kann: unaufdringliche und anspruchslose Kameradschaft, friedvoll und unstet wie ein ruhiges Meer.« Vermutlich galt diese Charakterisierung auch ihrem schwarzen Kater Spider, dem sie ihren 1964 erschienenen Roman *Die gläserne Zelle* widmete. Dank der Erinnerungen von Marijane Meaker, selber Katzenfreundin und zwei Jahre lang die Frau an Highsmiths Seite, bekommt man ein ziemlich gutes Porträt von Spider. »Finster« sei er gewesen, »grimmig« und »schweigsam«, er »spielte nicht gern und mochte keine Katzenminze«, »saß einfach da und beobachtete Pat« oder »saß auf Pats Schoß und schnurrte, ein Laut, den man von dem Fürsten der Finsternis nicht oft hörte«. Als er einmal mit einem toten Kaninchen im Maul nach Hause kam, bezeichnete ihn Meaker im Scherz als einen »echten Highsmith« – »von Natur aus ein Killer«. Später, nachdem Patricia Highsmith Amerika verlassen und nach Europa gezogen war, hatte sie Spider in Italien zurücklassen müssen, weil die Quarantänebestimmungen seine Einreise nach Großbritannien nicht erlaubten. Mag sein, dass auch diese Erfahrung zu der Erkenntnis beigetragen hat, »dass Katzen leichter zu halten sind als Hunde«, aber »dass man mit Hunden besser verreisen kann«.

Patricia Highsmith wurde am 19. Januar 1921 in Texas als Mary Patricia Plangman geboren. »Highsmith« war der Name ihres Stiefvaters; Mutter und leiblicher Vater, ein Nachfahre deutscher Einwande-

rer, hatten sich nur wenige Tage vor Patricias Geburt getrennt. Während das Verhältnis zur Mutter ein Leben lang ambivalent geblieben war, hegte sie dem Stiefvater gegenüber starke Gefühle des Hasses. Es heißt, dass sie sich bereits im Alter von acht Jahren mit dem Gedanken getragen haben soll, wie sie ihn am besten ermorden könne – vielleicht die ersten zarten Wurzeln einer späteren Karriere als Kriminalautorin. Bekanntheit erlangte sie gut zwei Jahrzehnte später durch ihren Kriminalroman *Strangers on a Train* (dt. *Zwei Fremde im Zug*), der 1950 erschien und schon 1951 von Alfred Hitchcock verfilmt werden sollte. Die Handlung: Zwei Männer, verbunden durch das scheinbar perfekte Verbrechen – während der eine die Frau des anderen tötet, soll dieser im Gegenzug dessen Vater umbringen.

Patricia Highsmith war »lang und dünn«, hatte »schwarzes schulterlanges Haar und dunkelbraune Augen«, und »sie konnte wunderbar lächeln«, mit Vorliebe trug sie weiße Herrenhemden und Blazer. Für Marijane Meaker sah sie aus »wie eine Mischung aus Prinz Eisenherz und Rudolf Nurejew«. Sie trank viel und regelmäßig, und sie rauchte – bevorzugt französische und deutsche Zigaretten der starken Sorte. Sie liebte Frauen. Anfang der 1950er-Jahre, als Homosexualität in den Vereinigten Staaten noch tabuisiert wurde und Geschichten darüber stets mit moralischer Bekehrung enden mussten, schrieb Highsmith *The Price of Salt* (dt. *Salz und sein Preis*), einen Roman über eine lesbische, glücklich endende Liebe – allerdings veröffentlichte sie ihn unter dem Pseudonym Claire Morgan. Patricia Highsmith hatte zahlreiche Beziehungen und Affären mit Frauen, doch erst 40 Jahre nach der ersten Veröffentlichung des Romans im Jahre 1953 sollte sie einer Neuerscheinung unter ihrem Namen zustimmen.

War es die allgegenwärtige Bigotterie im damaligen Amerika oder die Tatsache, dass ihre Bücher dort weniger erfolgreich waren – Highsmith zog es nach Europa, dem Kontinent ihrer »großen Sehnsucht«, wo sie auch schriftstellerisch größere Popularität genoss und »manchmal wie eine Berühmtheit behandelt« wurde – es war ihr nur

recht. 1963 verließ sie die Vereinigten Staaten endgültig, um sich in Europa niederzulassen, ohne allerdings auch hier zunächst wirklich sesshaft zu werden. Nach Aufenthalten in Italien, Großbritannien und Frankreich ließ sie sich schließlich im Jahre 1974 im Kanton Tessin in der Schweiz nieder; sie sollte bis zu ihrem Tod 1995 bleiben. Hier hoffte sie, die gesuchte Ruhe zum Schreiben zu finden: »Die Schweiz ist wie ein Club: Nicht alle wollen Mitglied sein. Aber für diejenigen, die Ordnung und ein ruhiges Leben mögen, ist sie der richtige Ort.« Im klimatisch milderen Tegna ließ sie ein Haus nach ihren eigenen Entwürfen bauen, in dem sie ihr Leben in der selbst gewählten Einsiedelei am besten zu verwirklichen glaubte. Für Freunde und Gäste glich das Haus hingegen eher einem »öffentlichen Schwimmbad«, einem »Bunker« oder einer »Festung«. »Die Fenster waren die Schießscharten einer Burg«, urteilte Marijane Meaker beim Anblick einer Fotografie des Hauses.

Patricia Highsmith mag in Tegna einsam und zurückgezogen gelebt haben, soweit es menschliche Gesellschaft anbelangt – allein war sie dennoch nicht. Sie hatte Katzen um sich und natürlich auch Schnecken, denen neben den Samtpfoten ihre zweite tierische Zuneigung galt. Es wird erzählt, dass sie einst zahllose Exemplare in einer Tasche zu einer Party mitgebracht habe – einschließlich einem Kopfsalat. Auch auf Flugreisen, heißt es, sollen ihre Schnecken sie schon einmal begleitet haben, verborgen unter ihrem Pullover. Highsmith hat Schnecken nicht nur gezüchtet, sie hat die Erkenntnisse und Beobachtungen über ihr Leben auch literarisch verarbeitet. Wenn in der Geschichte *Der Schneckenforscher* Mr. Knoppert fasziniert das Sexualleben der Schnecken betrachtet, ihren »Kuss von deutlicher Sinnlichkeit« wahrnimmt und fortan auf ihren Verzehr verzichtet, dann dürften biografische Bezüge naheliegen. Beim Ende zum Glück nicht: Mr. Knoppert wird irgendwann Opfer seiner zahllosen Schnecken, nachdem er sich zwei Wochen nicht mehr um sie gekümmert hat.

Nach ihrer Katze Spider hatte sie vor allem Siamkatzen, die Rasse, die sie bei Marijane Meaker kennenlernte und die sie, wie sie einst schrieb, »auf den Geschmack gebracht« hatte. Aus Highsmiths Beschreibungen über das Leben mit Katzen erfahren wir, »dass rollige Siamesen alles andere als leise sind« und dass sie »ihre Notdurft lieber im Freien als in ihrem sogenannten Katzenklo« verrichten, obwohl Highsmith »sie in jungen Jahren mit diesem Hygieneartikel vertraut gemacht« hat. Auch macht sie sich Gedanken über das Naturell von Katzenfreunden im Allgemeinen – sie kommt zu der Erkenntnis, dass »Eigenbrötler nicht die einzigen Katzenfreunde sind«. Und sie denkt über Schriftsteller im Besonderen nach; das seien »Leute, deren geistige Beweglichkeit oder Verstörtheit sie mehr oder weniger dazu prädestiniert, Katzen als Gefährten zu halten«. Außerdem seien Katzen »ein wandelndes, schlafendes und ständig wandelbares Kunstwerk«, das »für das Leben eines Individuums lebensnotwendig sein« könne.

Highsmith hatte offenbar auch gewusst, welch sorgfältiger Pflege solche Kunstwerke bedürfen. Einer Interviewpartnerin gab sie einmal Einblick in den Speiseplan: »Ich habe gerade für meine Katzen Hasenbraten in Rahmsoße zubereitet. Das ist zweifellos ein Luxus – auf jeden Fall viel Arbeit für mich, aber ich mache das nur einmal in der Woche.« Eine Freundin wiederum hatte nach einem Besuch vermutet, »dass das Essen eigentlich für die Katzen bestimmt war. Wir aßen Dinge, die man ohne Weiteres auch an sie verfüttern konnte: Hering, Milchprodukte. Bis auf das Bier und den Scotch natürlich«.

Die Biografen zeichnen das Bild einer Frau, die alles andere als einfach und wenig sympathisch war – es ist hingegen nicht bekannt, ob man auch ihre Katzen nach deren Meinung über Patricia Highsmith befragt hat.

Poldi, die Katze von Vernate

O. W. FISCHER
(1915-2004)

Als im Jahre 2017 die Erben nach mehr als einem Jahrzehnt endlich die einstmals luxuriöse Villa inmitten des riesigen, 14 000 Quadratmeter großen Gartens betreten konnten, war die Enttäuschung groß. Was immer sie erhofft haben mochten, ihnen bot sich ein Bild der blanken Verwüstung. Der einst so gepflegte Garten und der riesige Pool waren von Wildwuchs überwuchert, es hatte jahrelang durch das morsche Dach der Villa geregnet, der Marmorboden stand knöcheltief unter Wasser, die Holzvertäfelungen moderten vor sich hin, alle so wertvollen Gemälde und Skulpturen waren verschwunden, und was es zuvor noch an Büchern oder Kleidung gegeben haben mochte, war nun längst von üppigem Schimmel überzogen. Was man vorfand, war nichts weiter als Müll, der nun erst einmal mühsam beseitigt werden musste.

Geplant hatte es der Schauspieler Otto Wilhelm (genannt: »O. W.«) Fischer eigentlich ganz anders. Zwei Tage vor seinem Tod am 29. Januar 2004 hatte er noch sein Testament geändert. Nun sollte sein Vermögen, geschätzt auf 14 Millionen Euro, zur Hälfte an die Theologische Fakultät der Universität Lugano gehen, denn Fischer hatte auf seine alten Tage die Religion, aber auch die Esoterik für sich entdeckt. Die andere Hälfte war für den Tierschutzverein La Stampa, ebenfalls in Lugano, vorgesehen, wo man sich über den Geldsegen ebenso freute. Seine Ex-Geliebte, eine gewisse Dagmar F., über die wir leider kaum mehr wissen, als dass er sie einst adoptiert und dann die Adoption wieder rückgängig gemacht hatte, Dagmar jedenfalls

ging leer aus. »Ich nehme Ottos letzten Willen an«, sagte sie. »Meine Gefühle der Wärme und Dankbarkeit für diesen wunderbaren Mann ändern sich ja nicht, wenn ich nichts erbe.« Ob sie dann trotzdem, nachdem sich die erste Trauer gelegt hatte, Fischers Testament angefochten hat, ist nicht bis ins letzte Detail geklärt. Jedenfalls sah sich sein Anwalt nicht in der Lage, Fischers letzten Wille zu vollstrecken. Mit übrigens dramatischen Folgen für das Tierheim, denn die Medien hatten zwar ausführlich von der beträchtlichen Erbschaft berichtet, nicht aber davon, dass seitdem kein Rappen geflossen war. Viele, die ansonsten dem Heim vielleicht gespendet hätten, hielten nun ihre Taschen geschlossen – La Stampa schien ja nun reich genug zu sein. Und auch jetzt (2018) ist unklar, was mit Fischers Anwesen geschehen soll, renovieren oder abreißen oder zu einem Altenheim umbauen. Viel Geld wird es auf jeden Fall kosten, was dann wiederum den Tieren im Heim fehlen wird.

Geboren wurde Otto Wilhelm Fischer 1915 in Klosterneuburg, Niederösterreich, als Sohn eines angesehenen Juristen. Er studierte zunächst Anglistik und Germanistik, bevor er sich 1936 entschloss, Schauspieler zu werden. Im gleichen Jahr erhielt er seine erste Rolle in einem Film, aber der eigentliche Durchbruch als Star des deutschen Films gelang ihm erst in den 1950er-Jahren mit der Titelrolle in *Erzherzog Johanns große Liebe*. Dann folgten – für die Zeitgenossen unvergessen – die zahllosen Liebesfilme mit wahlweise Maria Schell oder Ruth Leuwerik. Auch mit Hauptrollen wie in *Ludwig II.* (1954) oder *Hanussen* (1955, bei dem er auch Regie führte) feierte er sowohl bei Zuschauern als auch bei Kritikern große Erfolge. Als ihm Ende der 1960er-Jahre jedoch klar wurde, dass die Ära des Nachkriegsfilms zu Ende ging, trat er nur noch selten als Schauspieler im Fernsehen auf. Ab den 1980er-Jahren zog er sich dann völlig aus dem Filmgeschäft zurück.

Katzen waren schon seine große Leidenschaft gewesen, bevor er schließlich aus Bayern nach Vernate im Kanton Tessin zog. Helmut

Dietl, der 2015 verstorbene Autor und Regisseur, hatte noch als Kind in Mittenwald Fischer und seine Katzen kennengelernt, wie er in seiner Autobiografie *A bissel was geht immer. Unvollendete Erinnerungen* berichtet. Der Zufall wollte es, dass sich beide begegneten, als Fischer seine vier Katzen ausführte. Da sich der junge Dietl ganz offensichtlich ausgezeichnet mit den Katzen verstand, heuerte Fischer ihn an, um für fünf Mark pro Tag zwei Stunden lang mit den Katzen spazieren zu gehen. Zu diesem Zweck hatte Fischer in England spezielle, 30 Meter lange Leinen herstellen lassen, die kunstvoll aus Kunsthanfgeflecht und Verpackungsbindfäden geknüpft waren. Natürlich war es keine einfache Angelegenheit, die vier Katzen durch die Felder zu führen, denn eine jede wollte in eine andere Richtung, und der Knabe Dietl hatte seine liebe Müh und Not, die Knäuel wieder zu entwirren. Dabei konnte er auf keinerlei Hilfe der Katzen rechnen, eher im Gegenteil: Sie kratzten und bissen ihn anfangs ganz ordentlich. Dietl seinerseits legte das hart verdiente Geld zurück, um davon Lederhandschuhe zu kaufen, was nicht ganz einfach war, denn es waren auf Anhieb keine in seiner kleinen Größe aufzutreiben. Zum Glück gab es einen Lederhosenmacher, der sich seiner erbarmte. Später, als die Ferien vorbei waren und Dietl sich nicht mehr um die Katzen kümmern konnte, kaufte Fischer ihm die Handschuhe zum doppelten Preis ab. Da aber hatten sich die Katzen schon so sehr an Dietl gewöhnt, dass Fischer ziemlich eifersüchtig auf den Jungen geworden war.

Tatsächlich versuchte Fischer, seine Katzen bei sich zu haben, wohin immer er auch reiste. Das war zu den damaligen Zeiten so bekannt, dass Johannes Mario Simmel in seinem Roman *Alle Menschen werden Brüder* (1967) in einer kleinen Szene davon erzählte: Ein Passagier will unbedingt seinen Hund auf einem Flug mitnehmen, was ihm aber verweigert wird. Sein Hinweis, dass es O. W. Fischer und seinen Katzen durchaus erlaubt sei, führt jedoch auch zu keinem Erfolg. Einmal allerdings, als Fischer 1956 ein Angebot aus Hollywood erhielt, musste er seine Katzen unwillig zurücklassen. Sein Agent, der

um Fischers Vorlieben wusste, machte ihm bei der Ankunft einen Kater zum Geschenk, weil er hoffte, dem Schauspieler damit eine große Freude zu bereiten. Fischer aber lehnte das Geschenk rundweg ab, weil er es als Untreue gegenüber den in Deutschland zurückgelassenen Katzen betrachtete. Überhaupt stand die Visite in Hollywood unter keinem guten Stern: Fischer verstand sich überhaupt nicht mit dem Regisseur, hatte Schwierigkeiten, den Text zu lernen, mochte das amerikanische Studiosystem nicht, und schließlich trennte man sich nach kaum zwei Wochen. Fischers Rolle im Film *My Man Godfrey* (dt. *Mein Mann Gottfried*) übernahm dann schließlich David Niven.

Wie sehr Fischer seinen Katzen verbunden war, zeigte sich auch daran, dass sie stets präsent waren, wenn er in Vernate Journalisten oder Fotografen empfing. Er wollte, dass man die Tiere anerkannte und sich ausgiebig mit ihnen beschäftigte. Der Weg zu Fischer führte nun einmal über die Katzen. Er selbst sagte einst über eine seiner Katzen: »Sie hat mir Glück gebracht, oder war es die Selbstlosigkeit, das Einem-anderen-Helfen, das Sich-selbst-Zurückstellen, das die Wandlung gebracht hat? Jedenfalls werden wir jetzt zusammenbleiben, bis der Tod uns trennt, meine kleine schwarz-weiße Katze und ich. – Heute ist sie erwachsen. Der Vater ihrer Kinder war ein großer, hübscher Tigerkater – aber Eifersucht gibt's bei uns keine! Nur Liebe!« Und auch nach deren Tod wollte er die Katzen um sich haben, seine letzte Katze beerdigte er in einem kleinen Glassarg im Park der Villa, dort wo auch die Asche seiner Frau Nanni Usell und schließlich auch er selbst beigesetzt wurde. Wollen wir hoffen, dass sich die Probleme um sein Erbe bald lösen und das Tierheim in Lugano erhält, was ihm zusteht. O. W. Fischer zumindest hätte es aus tiefstem Herzen so gewollt.

Frühstück mit dem Kater

TRUMAN CAPOTE
(1924-1984)

»Unter den Tieren in Garden City gab es zwei graue Kater, die immer zusammen auftauchten – stellen Sie sich vor: schmutzige streunende Katzen mit eigenartigen und cleveren Gewohnheiten.« Es sind Straßenkatzen, um die sich niemand so richtig kümmert, aber sie wissen genau, was sie zu tun haben, um zu überleben. Sie trotten die Hauptstraße des kleinen Ortes entlang, auf dem Weg zu den beiden einzigen Hotels der Stadt. Sie betteln nicht die Gäste an und lungern auch nicht in der Nähe der Küche herum; sie interessieren sich für die Wagen, die nach einer langen Reise auf dem Parkplatz abgestellt sind. »Denn diese Wagen, im Allgemeinen gehörten sie Reisenden, die von weither gekommen waren, boten oft das, was die knochigen, methodisch vorgehenden Kreaturen jagten: geschlachtete Vögel – Krähen, Hühner und Spatzen, die so ungeschickt gewesen waren, den entgegenkommenden Autofahrern in den Weg zu fliegen.« Inzwischen haben die Katzen genügend Übung darin, die Reste aus den Kühlergrillen zu holen, und zwar »mithilfe ihrer Pfoten, die sie wie ein chirurgisches Besteck verwendeten«. An jenem Tag, um den es hier geht, war die Auswahl besonders reichhaltig, denn es wimmelte auf dem Parkplatz vor dem Gerichtsgebäude von den Dienstwagen der örtlichen Polizei. Man hatte nämlich an diesem Mittwoch, dem 6. Januar 1960, endlich die beiden Mörder Perry Smith und Dick Hickock gefasst.

Truman Capote hat die Geschichte um die grausamen Morde, die von den beiden Männern im November 1959 verübt worden waren, minutiös recherchiert und in seinem dokumentarischen Roman

In Cold Blood von 1966 (dt. *Kaltblütig*) verarbeitet. Wie die beiden Katzen, an deren Namen sich niemand erinnert, sind auch Smith und Hickock Streuner, die sich von dem ernähren, was sich auf ihren Wegen gerade findet. Sie ermorden einen Farmer, den sie für reich halten, und dessen Familie und erbeuten dabei gerade einmal 40 US-Dollar. Sie können zunächst fliehen, werden dann aber aufgegriffen, vor Gericht gestellt, zum Tode verurteilt und schließlich 1965 hingerichtet. Ihre Geschichte hatte seinerzeit in den USA für viel Aufmerksamkeit gesorgt, sodass Truman Capote beschloss, die Hintergründe zu recherchieren und in ein Buch umzusetzen. Unterstützt wurde er dabei von seiner Jugendfreundin Nelle Harper Lee (sie waren beide in Monroeville, Alabama, aufgewachsen), die mit ihrem damals gerade erschienenen Roman *To Kill a Mockingbird* (dt. *Wer die Nachtigall stört*) selbst einen enormen Erfolg bei Lesern und Kritikern errungen hatte.

Truman Capote, geboren 1924 in New Orleans, hatte eine äußerst bewegte Kindheit hinter sich. Seine Eltern zerstritten sich, sein Vater verschwand immer wieder, um an irgendwelchen obskuren Geschäften zu scheitern, seine Mutter machte sich nach New York davon, und Capote blieb bei seiner Großmutter und Tanten in Monroeville. 1934, als seine Mutter Joseph Capote kennengelernt und geheiratet hatte, kam er nach New York und blieb dort bis kurz vor seinem Tod im Jahre 1984. Capote war klein gewachsen, weniger als 1,60 Meter groß, hatte zeit seines Lebens eine hohe, schrille Stimme, blieb in gewisser Weise der Knabe, der er bei seiner Ankunft in New York gewesen war. Er bekannte sich ohne Umschweife zu seiner Homosexualität und machte von Beginn an einen umwerfenden Eindruck auf die bessere New Yorker Gesellschaft. Er war überall dabei, wo sich die Schönen und Reichen trafen, hatte stets viel zu sagen, aber beobachtete mit größtem Interesse auch alles, was dort an Affären, Amouren und Skandalen geschah. Das brachte ihm 1975 ziemliche Probleme ein, als er mit dem ersten Kapitel seines lange angekündig-

ten Romans *Answered Prayers* die meisten dieser Geheimnisse ausplauderte. Der Roman wurde zwar nie fertiggestellt, aber die im Magazin *Esquire* abgedruckten Auszüge reichten aus, um alle seine sorgsam gepflegten Beziehungen und Freundschaften mit einem Mal zerbrechen zu lassen. Eine der beschriebenen Personen, die Millionärswitwe Ann Woodward, soll aufgrund jener Indiskretionen sogar Selbstmord begangen haben.

Danach scheint es mit Capotes Zauber und Talent zu Ende gegangen zu sein. Er verfiel den Drogen, versuchte, sich davon zu befreien, wurde wieder süchtig, arbeitete erfolglos an neuen Projekten, erlitt einen Nervenzusammenbruch nach dem anderen, musste sogar mehrfach ins Gefängnis. Vor allem die Drogensucht hatte ihn so sehr verändert, dass er von ständig wiederkehrenden Halluzinationen geplagt wurde; man stellte schließlich fest, dass sich seine Gehirnmasse in erheblichem Maße verringert hatte. In seinen letzten Lebensjahren musste er daher die meiste Zeit in Krankenhäusern und Sanatorien verbringen. In den wenigen lichten Momenten, die ihm noch blieben, versuchte er zu schreiben, unter anderem einen Nachruf auf Tennessee Williams, der 1983 verstorben war. Capote selbst starb am 25. August 1984 in Bel Air, Los Angeles, an Leberversagen. Er wurde eingeäschert. Das Schicksal der Asche selbst wäre fast einen Roman wert: Sie verblieb zunächst in einer Urne im Haus einer Freundin, wurde 1988 gestohlen, aber bald wieder gefunden, 1989 erneut entwendet, als man sie in einem Theater ausstellte, wobei der Dieb jedoch umgehend gefasst werden konnte. Teile der Asche wurden schließlich 1994 in der Nähe von New York verstreut, aber noch 2016 wurden gewisse Mengen davon auf einer Auktion in Los Angeles zum Kauf angeboten.

Lange Jahre lebte Capote in seinem New Yorker Apartment mit seiner Katze Diotima, benannt nach der weisen Frau aus Platons *Symposion*, die den Philosophen die rechte philosophische Lenkung des erotischen Drangs erläutert. Capote selbst hielt sich allerdings nicht

daran. Dass aber Katzen für Capote eine besondere Bedeutung hatten, wird besonders an einem seiner Werke deutlich: *Breakfast at Tiffany's* von 1958 (dt. *Frühstück bei Tiffany*, 1959). Der Kurzroman handelt von einer jungen Frau, Holly Golightly (frei übersetzt: »Nimm's leicht«). Sie versucht, sich in New York durchzuschlagen, und hat mit ihrem unverschämten Charme dabei einigen Erfolg. Eigentlich plant sie, einen reichen brasilianischen Geschäftsmann zu heiraten, aber dieses Vorhaben scheitert, als bekannt wird, dass sie gewisse Beziehungen zur Mafia gepflegt hat. Zwischenzeitlich hat sie den Erzähler der Geschichte, der bei Capote nur Fred heißt, kennen- und schätzen gelernt, allerdings bleibt ihre Romanze nur eine kurze Episode.

Aber es gibt noch eine weitere Hauptperson in der Geschichte, nämlich eine Katze, mit der Holly zusammenlebt: Sie »hatte eine Katze und spielte Gitarre. An Tagen mit starkem Sonnenlicht wusch sie sich die Haare, saß dann mit der Katze, einem rot getigerten Kater, draußen auf der Feuertreppe und schlug mit dem Daumen die Gitarre, während ihre Haare trockneten«. Man muss zugeben, dass der Kater nicht sonderlich freundlich ist, wie Fred schon beim ersten Treffen bemerkt. »Sie hob den Kater hoch und schwang ihn sich auf die Schulter. Er bleib dort hocken wie ein Vogel, die Pfoten in ihren Haaren verhakt, als seien sie Strickgarn; und doch, trotz dieser possierlichen Pose war er ein grimmiger Kater, mit dem Mördergesicht eines Piraten; ein Auge war klebrig-blind, das andere funkelte voller finsterer Taten.«

Es ist ein Kater »ohne einen Namen«, sagt Holly. »Es ist ein bisschen unbequem, dass er keinen Namen hat. Aber ich habe kein Recht ihm einen zu geben: Er wird warten müssen, bis er jemandem *gehört.*« Und damit ist er ihr direktes Pendant, denn »er ist unabhängig, und ich bin's auch. Ich möchte nichts besitzen, bis ich weiß, ich habe den Ort gefunden, wo ich und das ganze Drumherum zusammengehören«. Und, so sagt sie später: »Wenn ich im richtigen Leben mal einen Ort finde, wo ich mich so wohl fühle wie bei Tiffany, dann

werde ich Möbel kaufen und dem Kater einen Namen geben.« Leider geht für Holly so ziemlich alles schief, sie wird verhaftet, muss die Wohnung aufgeben und entscheidet sich schließlich, den Kater in den kalten Straßen von New York auszusetzen. Sie wirft ihn aus einem Taxi, nur um Augenblicke später zu der Stelle zurückzukehren, wo sie ihn verlassen hat. Aber der Kater ist verschwunden. Sie und Fred suchen verzweifelt nach ihm, aber sie haben kein Glück. Dann aber verschwindet Holly mit einem neuen Liebhaber nach Brasilien, und Fred kann ihr nur noch das Versprechen geben, weiter nach dem Kater zu suchen. Es dauert zwar lange, aber irgendwann findet ihn Fred, in Spanish Harlem, bei einer Familie: »Flankiert von Topfpflanzen und eingerahmt von sauberen Spitzengardinen, saß er am Fenster eines warm aussehenden Zimmers: Ich fragte mich, wie sein Name lauten mochte, sicher, dass er jetzt einen hatte, sicher, dass er irgendwo angekommen war, wo er hingehörte.«

Capotes Kurzroman war ein Erfolg, und Hollywood kaufte 1961 die Rechte. Die Geschichte war zweifellos gut, musste aber in so manchen Punkten dem neuen Medium angepasst werden. Dass Fred jetzt Paul hieß, war kein größeres Problem. Aber dass jegliche Hinweise auf Hollys offensichtliche Profession, nämlich als Prostituierte, im Film verschwiegen wurden, ärgerte Capote ebenso wie die Entscheidung der Produzenten, der Geschichte ein Happy End zu gönnen. Im Film nämlich finden Holly und Paul/Fred den Kater nach einigem Suchen im strömenden Regen tatsächlich in einem Hinterhof wieder und entscheiden sich auch allem Anschein nach zusammenzubleiben. Ob diese Änderungen die Geschichte verbessert haben, ist eine andere Frage, und auch, ob der Film mit der eigentlich als Holly vorgesehenen Marilyn Monroe besser geworden wäre als eben mit Audrey Hepburn, die für die Rolle 1962 den Oscar für die beste Hauptdarstellerin erhielt. Wenigstens aber konnte der Regisseur, Blake Edwards, umgestimmt werden, als er das Titellied »Moon River«, geschrieben von Henry Mancini, eigentlich aus dem Film werfen

wollte. Immerhin gewann dieses Lied 1962 den Oscar für den besten Originalsong und den Grammy, den höchsten Musikpreis in den USA, als Platte und Lied des Jahres.

Aber noch jemand erhielt eine Auszeichnung für diesen Film: Orangey, der den namenlosen Kater spielt, und zwar ebenfalls 1962 den PATSY-Award, den Picture Animal Top Star of the Year. Für ihn war es sogar das zweite Mal, denn den ersten hatte er 1951 für seine Hauptrolle in *Rhubarb* gewonnen, in dem es um eine Katze geht, die ein Vermögen erbt. Orangey, so sagt man, war ein äußerst professioneller Schauspieler: Er blieb am Set, auch wenn die Aufnahmen mehrere Stunden dauerten, um dann aber, nach Abschluss der Dreharbeiten, sofort das Studio zu verlassen. Wenn es schließlich wieder weitergehen sollte, musste man ihn zunächst einmal suchen, sodass der Produktionsleiter Wachhunde an den Studiotüren postierte. Orangey war – wie einer seiner Mitarbeiter später sagte – »the world's meanest cat«. Der Kater war an sieben Hollywoodfilmen beteiligt,

darunter der heute noch berühmte *The Incredible Shrinking Man* von 1957 (dt. *Die unglaubliche Geschichte des Mr. C.*, Regie: Jack Arnold), *Das Tagebuch der Anne Frank* mit Shelley Winters von 1959 oder 1962 *Gigot* unter der Regie von Gene Kelly. Noch 1967 spielte er in einer Episode der TV-Serie *Mission Impossible* mit, die speziell für ihn geschrieben worden war. Eigentlich unnötig zu sagen, dass nach dem Erscheinen von *Breakfast at Tiffany's* die Nachfrage nach orangen Katzen in den Tierheimen rapide zunahm.

Besonders Katzen

DORIS LESSING
(1919-2013)

»Der Epikerin weiblicher Erfahrung, die sich mit Skepsis, Leidenschaft und visionärer Kraft eine zersplitterte Zivilisation zur Prüfung vorgenommen hat« – mit diesen Worten würdigte das Nobelkomitee 2007 die Verleihung des Nobelpreises für Literatur an die damals 87 Jahre alte britische Schriftstellerin Doris Lessing. Sie gilt vielen als feministische Autorin und hatte sich selbst zur Frauenbewegung bekannt: »Natürlich unterstütze ich sie, weil die Frauen, wie sie in vielen Ländern energisch und kompetent zum Ausdruck bringen, Bürger zweiter Klasse sind. Man kann sagen, dass sie Erfolg haben, und wenn auch nur bis zu dem Grade, dass man sie ernsthaft anhört.« Allerdings hatte sie es abgelehnt, vereinnahmt zu werden, und wegen der »sinnlosen Abwertung« von Männern und »allzu vereinfachende[n] Aussagen über das Verhältnis von Frauen und Männern« auch eine kritische, eine differenzierte Position zur Frauenbewegung eingenommen: »Es ist Zeit, dass wir uns fragen, wer eigentlich diese Frauen sind, die ständig die Männer abwerten. Die dümmsten, ungebildetsten und scheußlichsten Frauen können die herzlichsten, freundlichsten und intelligentesten Männer kritisieren, und niemand sagt was dagegen. Die Männer scheinen so niedergedrückt zu sein, dass sie nicht mehr zurückschlagen können. Aber sie sollten es tun.«

Vermutlich hätte Doris Lessing weniger Vorbehalte gehabt, sich selbst als »Feministin« zu bezeichnen. Es ist nicht überliefert, ob dass Nobelkomitee auch ihre Katzengeschichten im Blick hatte – sie wären es zumindest wert gewesen. Mit sensiblem Blick für Details gibt

sie zärtlich und poetisch, ebenso gefühlvoll wie zuweilen schmerzhaft ehrlich Einblicke in das Zusammenleben mit ihren Katzen. Ihre erste Katze hatte Doris Lessing als dreijähriges Mädchen – damals in Teheran, wo sie als Kind eines britischen Bankangestellten und seiner Frau geboren worden war. Sie hatte darum gekämpft, das streunende Kätzchen, das »ganz Zurückhaltung, Zartheit, Wärme und Anmut gewesen« war, behalten zu dürfen, und musste es doch beim Umzug nach Südafrika, in die britische Kolonie Südrhodesien, dem heutigen Simbabwe, zurücklassen. Es sollte nicht ihr letzter Kummer sein, den der Verlust einer Katze verursachte, Kummer, »der nicht Wiederholung von etwas Vergessenem ist, der sich in großer Seelenqual ausdrückt, in Tagen voll Tränen, Einsamkeit, Erkenntnis des Verlustes«.

Das Leben in Afrika war hart und enttäuschte die Hoffnungen und Erwartungen der Eltern. In dieser Zeit hatte Doris Lessing mit dem Schreiben begonnen, »um zu entkommen«. Der professionellen Schriftstellerei sollte sie sich allerdings erst nach 1949 in Großbritannien zuwenden – ihr 1950 erschienener erster Roman *The Grass Is Singing* (dt. *Afrikanische Tragödie*) greift ihre Zeit in Afrika, die Apartheid und die Folgen der Kolonialisierung auf. In ihrer späteren Rede anlässlich der Verleihung des Nobelpreises sollte sie die Förderung der Bildung und des Lesens in ihrer damaligen Heimat in den Mittelpunkt stellen. Eine ihrer Katzengeschichten erzählt auch vom dortigen Leben auf der Farm inmitten einer immer größer werdenden Zahl an Katzen. Irgendwann weigerte sich die Mutter, die neugeborenen Katzen zu ertränken, »abzuwägen zwischen Vernunft und sinnloser Wucherung der Natur«, die »bewirkte, dass das Haus, der Schuppen ringsum, das Buschland um die Farm mit Katzen überschwemmt waren.« Man befürchtete, dass die Farm »innerhalb weniger Wochen das Schlachtfeld für hundert Katzen zu werden« drohte, und so beschlossen Vater und Tochter, zu handeln und alle, bis auf die Lieblingskatze der Mutter, zu erschießen: »zwei Mörder, die sich auch so fühlten«. Trotz dieser schlimmen Erfahrung tat sich

Lessing später in Großbritannien schwer damit, ihre Katzen kastrieren zu lassen.

»Eine Katze braucht ebenso sehr einen eigenen Platz«, davon war Doris Lessing überzeugt, »wie einen eigenen Menschen.« Deshalb fand sich in ihrem Leben erst 25 Jahre nach dem Verlust ihrer zweiten eigenen Katze Platz für eine neue. Der Umgang mit einer Stadtkatze, die »auf die Heimkehr der Menschen wartete – wie ein Hund; die im selben Zimmer sein wollte und Aufmerksamkeit verlangte – wie ein Hund; dass sie beim Werfen menschliche Hilfe nötig hatte«, war eine neue Erfahrung, ebenso wie das Thema Futter. Wer mit einer Katze zusammenlebt, liest Lessings Geschichten amüsiert, allen Übrigen werden sie eher Kopfschütteln abnötigen. Täglich ein neuer Versuch der Fütterung, vergeblich, jede Dose wird verschmäht. Die Katze bleibt eigensinnig und wird immer dünner. »Aber am Ende war ich diejenige, die klein beigab«, schrieb Lessing. Die Katze »fraß nie, nicht ein einziges Mal, etwas anderes als gebratene Kalbsleber und gedünsteten Wittling«. Auch andere ihrer Katzen hatten besondere Vorlieben. Einen der Kater beschrieb sie »in Bezug auf Futter immer so heikel wie ein unverheirateter Gourmet«. Eine andere, die Graue, aß »nur Kaninchen, rohes Fleisch oder rohen Fisch«, »in kleinen Portionen und appetitlich auf einem sauberen Teller angerichtet«. Offenbar stand es im Hause Lessing außer Frage, diesen kapriziösen Ansprüchen zu entsprechen.

Lessing vermittelt nicht nur die Fressvorlieben ihrer Katzen, sie beschreibt auch detailreich die verschiedenen Persönlichkeiten. So war nicht nur der Geschmackssinn der Grauen kapriziös: »Sie war so eitel und sich ihrer selbst so bewusst wie ein hübsches Mädchen, das außer seiner Schönheit keine Vorzüge hat«, das »in stolzer Pose und wie eine Prinzessin im Hause umher stolziert«, das genau weiß, wie es »Beifall« und »Komplimente« bekommen kann. »Am vorteilhaftesten sah sie aus, wenn sie auf dem Bett saß und hinausschaute. Die cremefarbenen, leicht gestreiften Vorderbeine standen auf silbrigen

Pfoten gerade nebeneinander. [...] Ihr Gesicht folgte jeder neuen Wahrnehmung. Der Schwanz zuckte in einer anderen Dimension, als ob die Spitze Mitteilungen empfinge, die von anderen Organen nicht aufgenommen werden konnten. Sie saß gelassen da, luftig, beobachtend, lauschend, fühlend, riechend, atmend, mit jeder Fiber, mit Fell, mit Schnurrhaaren, Ohren – alles vibrierte zart. Wenn ein Fisch die Bewegung des Wassers verkörpert, ihm Form verleiht, dann ist die Katze Diagramm und Muster der so feineren Luft.« Kein Zweifel, eine wunderschöne Katze, aber auch ein »selbstsüchtiges Biest« – und eine »miserable Mutter«, die später, nach der Sterilisation, »altjüngferlich« werden sollte. Der Einzug einer kleinen schwarzen Katze »aus dem Schattenreich! Plutonische Katze! Katze für Alchimisten! Mitternachtskatze!« bedeutete das Ende der »königliche Alleinherrschaft der grauen Katze« und den Beginn von Rivalität, vom ständigen Kampf um die Rangordnung.

Dieses Ringen um den ersten Platz, um die engste Nähe zum Menschen, die Eifersucht untereinander schildert Lessing in der Geschichte von Rufus, dem roten Streuner, der sich intelligent und berechnend in das Leben schnurrt: »Es war ein dramatischer Auftritt, denn damit machte die Verkörperung der Entrechteten, der Gekränkten, der Verletzten ihre Anwesenheit bei den Geborgenen, den Gefütterten, den Privilegierten bemerkbar.« Dabei schien er planvoll vorzugehen und vor allem sein Schnurren einzusetzen: Er »schnurrte und schnurrte, er schnurrte so laut und so lange, dass wir ihn bitten mussten, damit aufzuhören, denn wir konnten unser eigenes Wort nicht verstehen«. Am Ende ist er erfolgreich und darf bleiben, was einen der beiden anderen Kater später einmal dazu bringen wird, einen Husten vorzutäuschen, um Aufmerksamkeit zu erlangen – Ausdruck felinischen Erfindungsreichtums.

Auch an die Momente der besonderen Nähe zwischen Mensch und Katze, an dem Versuch, »das zu überbrücken, was uns trennt«, lässt Doris Lessing ihre Leser teilhaben. Angesichts des Schnurrens von Rufus, dem Streuner, etwa, wünscht sich Lessing, mehr über ihn

und sein bisheriges Leben zu erfahren. »Alle Menschen, die mit Tieren zusammenleben«, stellt sie fest, »kennen Augenblicke, wenn sie sich nach einer gemeinsamen Sprache sehnen.« Und auch von dem Gefühl, das Tier, das einem vertraut, verraten zu haben, weil man es, wenn auch aus gutem Grund, zur Kastration oder zur unvermeidlichen Operation zum Tierarzt gebracht hat, wenn die Würde, der »Stolz, das empfindlichste Organ einer Katze«, verletzt worden ist, schreibt Lessing einfühlsam. Dann empfindet sie »Leid, dass sich sehr von dem unterscheidet, welches man wegen einem Menschen empfindet – eine Mischung aus Schmerz über ihre Hilflosigkeit und über unser aller Schuld«.

Warum sollte man Katzen in sein Leben lassen? Doris Lessing liefert in einem einzigen Satz mehr als einen überzeugenden Grund: »Welch ein Reichtum doch eine Katze ist: die Augenblicke unerhörter plötzlicher Freude an einem Tag, das Tier zu fühlen, die weiche Geschmeidigkeit unter deiner Handfläche, die Wärme, wenn du in einer kalten Nacht erwachst, die Grazie und der Zauber, über den selbst eine ganz gewöhnliche, alltägliche Katze verfügt.« Als sie den Nobelpreis bekam, lebte Doris Lessing in London zusammen mit ihrem Sohn aus zweiter Ehe – und mit ihrer schwarz-weißen Katze Yum-Yum, benannt nach einer Figur aus der Operette *Der Mikado*, von der sie in einem Interview sagte: »Sie ist ein sehr schwieriges Persönchen. Man muss sie behandeln wie eine Prinzessin, sonst benimmt sie sich unmöglich.« Doris Lessing starb sechs Jahre später, im November 2013, drei Wochen nach dem Tod ihres Sohnes.

Nachwort: Die Katze und die schönen Künste

Ja – es finden sich auffallend viele Nobelpreisträger unter den in diesem Buch vorgestellten Persönlichkeiten mit besonderer Zuneigung zu Katzen: Hemingway, Lessing, Churchill, Hesse, T.S. Eliot. Das war nicht beabsichtigt, aber doch hat es sich so ergeben. Vermutlich nur ein Zufall – oder gibt es vielleicht doch einen Zusammenhang?

Ja – es fehlen in diesem Buch eine Menge an berühmten Menschen, deren Leben ebenfalls auf das Engste mit Katzen verbunden war – Maler, Musiker, Politiker, Philosophen. Um nur einige zu nennen: Charles Dickens, der 1862 für die Zeitschrift *All the Year Round* unter dem Titel »Cat Stories« einen umfangreichen Artikel über die Geschichte und das Verhalten der Katzen schreibt, dabei auch die eine und andere Anekdote einfügt und sich über das Miauen und dessen Umsetzung in die menschliche Sprache auslässt. Dabei warnt er allerdings davor, es damit zu weit zu treiben, denn Dickens berichtet von einer Nonne, deren Obsession, nur noch wie eine Katze zu miauen, bald auf die anderen Nonnen übergreift, sodass man sich in jenem Kloster nur noch mit »Miau« unterhält. Seine eigene Katze, Williamina, hatte übrigens die Angewohnheit, abends mit ihrer Pfote die Kerze zu löschen, wenn sie der Auffassung war, dass Dickens genug für den Tag gearbeitet hatte.

Alexandre Dumas, der Ältere, lebte mit einer Katze namens Mysouff II zusammen, die es immerhin schaffte, seltene Vögel im Wert von 500 Francs zu verspeisen – ohne dass Dumas sie dafür in irgendeiner Weise bestrafte. Er schreibt 1851 sogar *Die Geschichte meiner Tiere*, in der er davon berichtet, dass ihn Mysouff I allmorgendlich bis zur nächsten Straßenecke auf dem Weg zur Arbeit be-

gleitet und abends genau dort wieder darauf wartet, dass er wieder zurückkommt.

Emile Zola schätzte »die Katzen auf den Dächern besonders, die stolzen und hageren Katzen, deren harte Silhouetten an die Helden alter Sagen erinnern«. Aber er schreibt gleichwohl die Novelle *Le Paradis des Chats*, in der sich eine wohlgenährte und umhegte Hauskatze aus purer Neugierde aus dem Haus schleicht, aber dann doch so schnell wie möglich wieder zurückkehrt: »Seht Ihr, schloss meine Katze, während sie sich vor dem Kamin ausstreckte, das wahre Glück des Paradieses besteht darin, eingesperrt zu werden und Schläge zu bekommen in einem Raum, in dem ein Stück Braten ist.« Die Katze Mr. Peter Wells des englischen Schriftstellers H.G. Wells hatte die erstaunliche Angewohnheit, aus ihrem Sessel aufzustehen, laut zu maunzen und aus dem Raum zu stolzieren, wenn Gäste zu lange oder zu laut redeten.

Für William S. Burroughs wiederum hielt denjenigen für einen wahren Freund, der sich um die Katze kümmert, wenn man gerade unterwegs ist. Auch Mark Twain ist der gleichen Ansicht: »Wenn ein Mann eine Katze liebt, bin ich sein Freund und Genosse, ohne das er mir weiter vorgestellt wird.« Und andersherum, wie Raymond Chandler es formuliert: »Ich habe nie Leute gemocht, die keine Katzen mochten, weil in ihrer Gemütslage immer ein Element greller Selbstsucht zu finden war.« Dass es eine besondere Beziehung zwischen Katzen und Schriftstellern gibt, ist daher kein großes Geheimnis. Für Théophile Gautier bedeutet das: »Katzen fühlen sich wohl in der Stille, der Ordnung und der Ruhe, und kein Ort ist ihnen gemäßer als das Arbeitszimmer des Literaten«. Ernst Jünger sieht diese Beziehung nicht anders: »Es liegt daher in der Natur der Dinge«, stellt er fest, »dass die Katze die Gesellschaft der Einsamen sucht. Sie gehört zur anderen Seite des Menschen – dorthin, wo er behaglich die Muße genießt, wo er Ideen nachhängt, dichtet, phantasiert und träumt.« Katzen, so weiß man, sind der beste Begleiter in der Einsamkeit des Künstlers, denn »wer eine Katze hat, braucht das Allein-

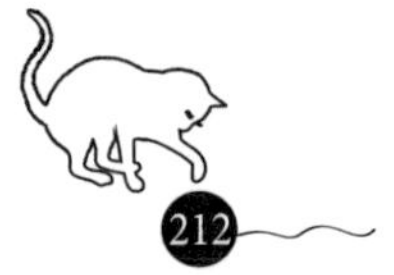

sein nicht zu fürchten«, schreibt Daniel Defoe. Aldous Huxley hält Katzen sogar für unabdinglich, wenn man ein Schriftsteller werden will. In seinen *Sermons on Cats* rät er einem jungen Freund: »Wenn du ein psychologischer Autor werden willst und über die menschlichen Dinge schreiben, dann ist das Beste, das du tun kannst, dir ein Paar Katzen zu halten.«

Und ja – es überwiegen in diesem Buch auch Männer, obwohl man doch gerade den Frauen eine besondere Nähe zu Katzen nachsagt. Aber in der Geschichte unserer Kultur waren es nun einmal die Männer, die als Künstler berühmter geworden sind. Dies dürfte sich jedoch – hoffentlich – bald ändern.

Aber auch Musiker ließen sich von Katzen inspirieren: Igor Strawinsky komponiert 1915 die *Berceuses du Chat* (*Wiegenlieder der Katze*) für eine Frauenstimme und drei Klarinetten und verwendet dazu das Gedicht von Edward Lear *The Owl and the Pussy-Cat*, in dem es um die Liebe zwischen einer Eule und einer Katze geht. Maurice Ravel, der mit 30 Katzen zusammenlebte und wohlbekannt war mit Colette, komponiert die Oper *L'Enfant et les Sortilèges* (*Das Kind und der Zauberspuk*), dessen Libretto von eben jener Colette stammte. Darin gibt es ein besonderes Duett – das *Duo Miaulé* – zwischen einem Kater und einer Katze, die dem missmutigen Knaben beibringen, sich anständig zu verhalten. Gioachino Rossini seinerseits schrieb das *Duetto buffo di due gatti* für zwei Sopranstimmen, das im Übrigen für Zugaben in einem Konzert genutzt wird. Andere Künstler verwenden Tonfolgen, die ihre Katzen produzieren, als sie über die Tastatur ihres Klaviers stolzieren: Domenico Scarlatti die *Fuga del gatto* oder Frédéric Chopin und sein *Katzenwalzer*.

Von Malern und ihren Katzen war schon die Rede – von Gustav Klimt, Paul Klee oder Franz Marc. In Edouard Manets Gemälde *Olympia* von 1863 sorgte die kleine schwarze Katze am rechten unteren Bildrand für fast ebenso viel Aufmerksamkeit wie die bildfüllende nackte Frau – immerhin stellt sie das kaum misszuverstehende,

unsagbare Symbol für die Weiblichkeit der Frau dar. Auch Henri Matisse und Claude Monet lebten mit unzähligen Katzen zusammen, und selbst bei Pablo Picasso finden sich – neben seiner unerklärlichen Vorliebe für Hunde – eine Vielzahl von Katzenbildern, darunter das Porträt von Suzanne Bloch aus dem Jahre 1904, bei dem die Frau eine Katze wie ihre Haare auf dem Kopf trägt. Und dann gab es noch Maler, die besonders oft Katzen malten, nicht zuletzt Tsuguharu-Léonard Foujita, der gerade erst mit einer großen Ausstellung im Musée Maillol in Paris wiederentdeckt wurde. Tucholsky hatte 1925 dessen Bilder gesehen und geschrieben: »wundervolle Katzenstudien: böse Tiere, auf deren Fell jedes Haar einzeln gemalt scheint, böse Tiere, gefährliche Tiere, aus manchen strahlt die Wildheit und die grausamste Grausamkeit, manche sind gerade dabei, sich in die milden Haustiere zurückzuverwandeln, die schnurren und am Tag von der Nacht nichts wissen«. Und dann gab es noch Louis Wain, der anfangs als Illustrator von Kinderbüchern bekannt wurde und vor allem Katzen in Menschengestalt malte. Leider erkrankte er im Alter an Schizophrenie, malte aber weiter, nur dass die Bilder immer abstrakter wurden und schließlich nur noch von Ornamentik umrahmte Augen zeigten.

»Jedes Katzentier ist ein Meisterwerk der Natur«, hat Leonardo da Vinci gesagt. Und wer würde mit Blick auf seine eigene Katze daran zweifeln?! – Mag sie alt sein und zahnlos und inkontinent oder jung und verspielt und mit scharfen Krallen auf dem Ledersofa umherhüpfen. Mag auch sein, dass unser Blick auf die Katzen mehr mit unseren eigenen Vorstellungen, Wünschen und Hoffnungen zu tun hat als mit ihrer eigentlichen »Natur«. Sie sind und bleiben kleine Raubtiere; sie leben ihr Leben in ihrer eigenen Welt. Wir wissen nicht, was sie denken oder woran sie glauben. »Eine Katze ist nicht imstande, die Existenzfrage zu stellen«, schreibt Ernst Jünger, »wohl aber besitzt sie Existenz – und damit viel mehr als Religion.« Natürlich: Man muss die Katzen mögen, muss sie in ihrer Existenz respek-

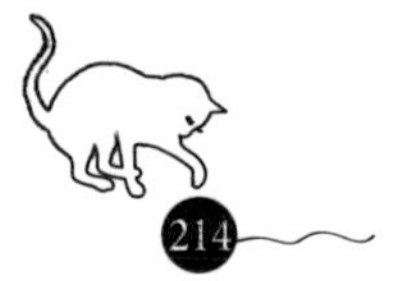

tieren, muss sie anständig behandeln, so wie es einem jeden lebenden Wesen zusteht. Und dann ist da noch etwas, das man kaum beschreiben, nur selbst empfinden kann: »Ich kann einfach keiner Katze widerstehen«, hat Mark Twain gesagt, »vor allem nicht, wenn sie schnurrt. Sie sind die saubersten, geschicktesten und intelligentesten Wesen, die ich kenne.« Viel mehr gibt es im Moment nicht zu sagen.

Literatur

WEM DIE KATZE MAUNZT
ERNEST HEMINGWAY (1899–1961)

Rodenberg, Hans-Peter: Ernest Hemingway. Reinbek bei Hamburg 2007.
Carlene, Fredericka Brennen: Hemingway's Cats. Sarasota 2006, 2010.
Hemingway, Ernest: Inseln im Strom. 7. Aufl. Reinbek bei Hamburg 2013.
Hemingway, Ernest: Paris – ein Fest für's Leben. Reinbek bei Hamburg 2011.

DIE KATZE IM BAD
JACQUES DERRIDA (1930–2004)

Derrida, Jacques: Das Tier, also bin ich. Wien 2016.

THE BIG CAT
RAYMOND CHANDLER (1888–1959)

Chandler, Raymond: Gesteuertes Spiel (Finger Man). In: Chandler, Raymond: Der König in Gelb. Kriminalstories. Frankfurt am Main/Berlin/Wien 1977.
Chandler, Raymond: Die simple Kunst des Mordes. Briefe, Essay, Notizen. Hg. von Dorothy Gardiner und Katherine Sorley Walker. Zürich 1975.
MacShane, Frank: Raymond Chandler. Eine Biographie. Zürich 1984.

TANZ MIT DEM KATZENMANN
HARUKI MURAKAMI (1949)

Murakami, Haruki: Wilde Schafsjagd. Frankfurt am Main/Leipzig 1997.
Murakami, Haruki: Mr. Aufziehvogel. München 2000.
Murakami, Haruki: Tanz mit dem Schafsmann. München 2002.
Murakami, Haruki: Kafka am Strand. München 2006.
Murakami, Haruki: 1Q84. Köln 2010.
Murakami, Haruki: Von Beruf Schriftsteller. Köln 2016.

Mussari, Mark: Today's writers an their works: Haruki Murakami. Tarrytown 2011.

KOMM, SCHÖNE KATZE
CHARLES BAUDELAIRE (1821–1867)

Baudelaire, Charles: Les fleurs du Mal – Die Blumen des Bösen. Reinbek bei Hamburg 2017.
Benjamin, Walter: Charles Baudelaire – Ein Lyriker im Zeitalter des Hochkapitalismus. Hg. von Rolf Tiedemann. Frankfurt am Main 1974.

THE CHIEF MOUSER TO THE CABINET OFFICE
WINSTON CHURCHILL (1874–1965)

Alter, Peter: Winston Churchill. Stuttgart 2006.
Charmley, John: Churchill. Das Ende einer Legende. Berlin 1997.

LA CHATTE AMOUREUSE
SIDONIE-GABRIELLE COLETTE (1873–1954)

Colette: Die Katze aus dem kleinen Café. Aus dem Französischen von Gertrud Barnert. Wien 1985.
Colette: La Vagabonde. 2. Aufl. Frankfurt am Main 2002.
Cavelius, Anna: Kluge Frauen und ihre Katzen. München 2012.
Thurman, Judith: Colette, Roman ihres Lebens. Berlin 2001.

DIE KATZEN UND DER WALDGÄNGER
ERNST JÜNGER (1895–1998)

Jünger, Ernst: Sämtliche Werke. 22 Bde. Stuttgart 1997.
Kiesel, Helmuth: Ernst Jünger. Die Biographie. München 2007.
Schwilk, Heino: Ernst Jünger – Ein Jahrhundertleben. München 2007.

I LOVE YOUR KISSES
FREDDIE MERCURY (1946–1991)

Brooks, Greg/Lupton, Simon (Hg.): Freddie Mercury – Ein Leben in eigenen Worten. 4. Aufl. Höfen 2015.

COCTEAU GEHÖRT MIR
JEAN COCTEAU (1889–1963)

Arnaud, Claude: Jean Cocteau – A Life. London 2016.
Marny, Dominique: Die Schönen Cocteaus. Eine Biographie. Hamburg 1999.

DIE KATZEN IM ROTEN KREIS
JEAN-PIERRE MELVILLE (1917–1973)

Nogueira, Rui: Kino der Nacht. Gespräche mit Jean-Pierre Melville. Berlin 2002.

A CAT'S PAJAMAS
RAY BRADBURY (1920–2012)

Bradbury, Ray: Der Katzenpyjama. Bellheim 2005.
Bradbury, Ray: With Cat For Comforter. Layton 1997.
Bradbury, Ray: Löwenzahnwein. Zürich 1983.

DIE KATZE IST EIN SCHÖNER TEUFEL
CHARLES BUKOWSKI (1920–1994)

Bukowski, Charles: On Cats. Hg. von Abel Debritto. Edinburgh 2016.

DAS BESTE FIXATIV
GUSTAV KLIMT (1862–1918)

Horncastle, Mona/Weidinger, Alfred: Gustav Klimt. Die Biografie. Wien 2018.

EMIL UND DIE KATZEN
ERICH KÄSTNER (1899–1974)

Kästner, Erich: Meine Katzen. Von Pola, Lollo, Anna und Butschi. Hg. von Sylvia List. Zürich 2013.
Kästner, Erich: Fabian. Die Geschichte eines Moralisten. München 1989.
Kästner, Erich: Die Konferenz der Tiere. Hamburg/Zürich 1959.
Görtz, Franz Josef/Sarkowicz, Hans: Erich Kästner. Eine Biographie. München 2003.

BIN KEIN SITTSAM BÜRGERKÄTZCHEN
HEINRICH HEINE (1797–1856)

Heine, Heinrich: Sämtliche Werke. Historisch-kritische Gesamtausgabe der Werke. Berlin 2000.

Decker, Kerstin: Heinrich Heine. Narr des Glücks. 2. Aufl. Berlin 2006.

Liedtke, Christian: Heinrich Heine. 6. Aufl. Reinbek bei Hamburg 2006.

DER MENSCH BAUT ZU VIELE MAUERN UND ZU WENIGE KATZENKLAPPEN
ISAAC NEWTON (1642–1727)

Gleick, James: Isaac Newton. Die Geburt des modernen Denkens. Düsseldorf/Zürich 2004.

ROSA, MIMI UND LENIN
ROSA LUXEMBURG (1871–1919)

Luxemburg, Rosa: Briefe aus dem Gefängnis. Internationale Jugendbibliothek. Nr. 10. Berlin 1922.

Scharrer, Manfred: Rosa Luxemburg, Wie eine Kerze von beiden Seiten brennt. In: Sie waren die ersten – Frauen in der Arbeiterbewegung. Hg. von Dieter Schneider. Frankfurt am Main o. J.

Blum, Detlef: Was Sie immer schon über Katzen wissen wollten. Berlin 2013.

WIE MAN SICH ZUM GROSSEN KATER BILDET
E.T.A. HOFFMANN (1766–1822)

Hoffmann, Ernst Theodor Amadeus: Sämtliche Werke in sechs Bänden. Frankfurt am Main 1985–2004.

Safranski, Rüdiger: E.T.A. Hoffmann. Das Leben eines skeptischen Phantasten. 2. Aufl. Frankfurt am Main 2001.

DIE KATZE IST EIN FREIER MITARBEITER
KURT TUCHOLSKY (1890–1935)

Tucholsky, Kurt: Werke – Briefe – Materialien. Berlin 1999 (Digitale Bibliothek, Band 15).

Zwerenz, Gerhard: Kurt Tucholsky. Biographie eines guten Deutschen. München 1979.

Eggebrecht, Axel: Katzen. Hamburg 2012.

A VERY FINE CAT INDEED
SAMUEL JOHNSON (1709–1784)

Boswell, James: The Life of Samuel Johnson. 2 Bde. London 1791 (Zürich 2008).

ICH BIN WIE EINE KATZE
FRIDA KAHLO (1907–1954)

Krause, Barbara: Frida Kahlo. Freiburg im Breisgau 2015.

DIE BLAUE KATZE
FRANZ MARC (1880–1916)

Lankheit, Klaus: Franz Marc. Sein Leben und seine Kunst. Köln 1976.

DIE KATZE, DIE VOM VOGEL TRÄUMT
PAUL KLEE (1879–1940)

Klee, Felix: Paul Klee. Leben und Werk in Dokumenten. Zürich 1960.

Kupper, Daniel: Paul Klee. Reinbek bei Hamburg 2011.

DER NAME DER KATZE
T.S. ELIOT (1888–1965)

Eliot, Thomas Stearns: Old Possum's Katzenbuch. Frankfurt am Main 1952 (u. a. mit einer Nachdichtung von Erich Kästner).

Ackroyd, Peter: T.S. Eliot. Eine Biographie. Frankfurt am Main 1988.

DAS KATZPERLENSPIEL
HERMANN HESSE (1877–1962)

Ball, Hugo: Hermann Hesse. Sein Leben und sein Werk. Frankfurt am Main 1985 (Original 1927).

Unseld, Siegfried: Hermann Hesse. Werk und Wirkungsgeschichte. Frankfurt am Main 1987.

NUR DIE KATZE WAR ZEUGE
PATRICIA HIGHSMITH (1921–1995)

Highsmith, Patricia: Katzen. Zürich 2007.

Meaker, Marijane: Meine Jahre mit Pat. Zürich 2005.

Meier-Rust, Kathrin: Sie hasste Kinder, aber liebte Katzen. In: NZZ 25. Januar 2015.

Gohlis, Tobias: Die talentierte Miss Highsmith: Verrat und Schnaps. In: DIE ZEIT. Nr. 29/2015. 16. Juli 2015.

POLDI, DIE KATZE VON VERNATE
O.W. FISCHER (1915–2004)

Dietl, Helmut: A bissel was geht immer: unvollendete Erinnerungen. Köln 2016.

FRÜHSTÜCK MIT DEM KATER
TRUMAN CAPOTE (1924–1984)

Capote, Truman: Frühstück bei Tiffany. Wiesbaden 1959.

Capote, Truman: Kaltblütig. Augsburg 2005.

Clarke, Gerald: Truman Capote. Biographie. München 1993.

BESONDERS KATZEN
DORIS LESSING (1919–2013)

Lessing, Doris: Doris Lessings Katzenbuch. Stuttgart 1999.

Die Autoren

HEIKE REINECKE, geboren 1961 in Bochum, befasst sich im Hauptberuf mit Themen der Gesundheitspolitik. Gemeinsam mit Andreas Schlieper spinnt sie Kriminalgeschichten.

ANDREAS SCHLIEPER, geboren 1951 in Düsseldorf, veröffentlicht seit einigen Jahren Sachbücher, u. a. »Rufus – Der Katzenphilosoph« oder »Tractatus Satanicus – Die Geschichte des Teufels, von ihm selbst erzählt«. Seit vielen Jahren leben Reinecke und Schlieper in Düsseldorf mit einer Katze zusammen, derzeit mit einem schwarz-weißen Kater namens Gustav.

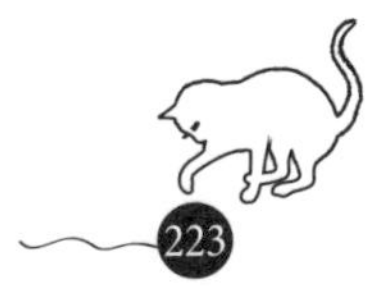

Bildnachweis

S. 12 (Tore Johnson / Getty Images), S. 18 (Sophie Bassouls / Getty Images), S. 26 (Bettmann / Getty Images), S. 34 (INTERFOTO / Alamy Stock Photo), S. 44 (Pictorial Press Ltd / Alamy Stock Photo), S. 52 (Keystone / Getty Images), S. 59 (Mark Thomas / Alamy Stock Photo) S. 60 (Heritage Image Partnership Ltd / Alamy Stock Photo), S. 68 (DLA-Marbach), S. 74 (Roger Bamber / Alamy Stock Photo), S. 80 (Pictorial Press Ltd / Alamy Stock Photo), S. 86 (Gaston Paris / Getty Images), S. 92 (Tom Victor), S. 98 (Gerhard Klinkhardt / DLA-Marbach), S. 106 (Imagno/Austrian Archives / Getty Images), S. 112 (DLA-Marbach), S. 120 (Hulton Archive / Getty Images), S. 126 (UniversalImagesGroup / Getty Images), S. 132 (Heritage Images / Getty Images) S. 133 (Heritage Images / Getty Images), S. 138 (The History Collection / Alamy Stock Photo), S. 144 (Granger Historical Picture Archive / Alamy Stock Photo), S. 152 (North Wind Picture Archives / Alamy Stock Photo), S. 156 (Pictorial Press Ltd / Alamy Stock Photo), S. 160 (Heritage Image Partnership Ltd / Alamy Stock Photo), S. 165 (INTERFOTO / Alamy Stock Photo), S. 166 (Zentrum Paul Klee, Bern, Bildarchiv), S. 171 (Heritage Images / Fine Art Images / akg-images), S. 172 (ullstein bild Dtl. / Getty Images), S. 178 (Martin Hesse / Martin Hesse Erben), S. 184 (1965 Keystone-France / Getty Images), S. 190 (Film Revue), S. 196 (Steve Schapiro / Getty Images), S. 202 (Mondadori Portfolio / Getty Images), S. 204 (Pictorial Press Ltd / Alamy Stock Photo)